低维磁自旋系统中的蒙特卡罗方法

孙运周　著

中国矿业大学出版社

·徐州·

图书在版编目(CIP)数据

低维磁自旋系统中的蒙特卡罗方法 / 孙运周著. —
徐州:中国矿业大学出版社,2022.8
    ISBN 978 - 7 - 5646 - 5531 - 0

    Ⅰ. ①低… Ⅱ. ①孙… Ⅲ. ①蒙特卡罗法－应用－磁
系统－自旋系统－研究 Ⅳ. ①TM503

    中国版本图书馆 CIP 数据核字(2022)第 151746 号

书　　名	低维磁自旋系统中的蒙特卡罗方法
著　　者	孙运周
责任编辑	张　岩
出版发行	中国矿业大学出版社有限责任公司
	(江苏省徐州市解放南路　邮编 221008)
营销热线	(0516)83885370　83884103
出版服务	(0516)83995789　83884920
网　　址	http://www.cumtp.com　**E-mail**:cumtpvip@cumtp.com
印　　刷	徐州中矿大印发科技有限公司
开　　本	787 mm×1092 mm　1/16　**印张** 8.25　**字数** 162 千字
版次印次	2022 年 8 月第 1 版　2022 年 8 月第 1 次印刷
定　　价	28.80 元

(图书出现印装质量问题,本社负责调换)

前　言

　　蒙特卡罗方法是一种非常强大而有广阔应用前景的模拟工具。它已经被广泛地应用于各个科研领域。国外如 D. P. Landau，K. Binder 合著的 *A Guide to Monte Carlo Simulations in Statistical Physics*，M. H. Kalos 和 P. A. Whitlock 合著的 *Monte Carlo Methods* 等都是介绍蒙特卡罗及其应用的经典著作。国内也出现了一些介绍蒙特卡罗方法在各个领域中应用的著作，如徐钟济先生的《蒙特卡罗方法》，裴鹿成和张孝泽先生的《蒙特卡罗方法及其在粒子输运问题中的应用》等，这些著作的出版对蒙特卡罗方法应用的研究起到了很大的促进与推动作用。众所周知，磁掺杂和各向异性作用[如 Dzyaloshinsky-Moriya(DM)作用]广泛地存在于各种材料中，磁性材料中杂质的存在对系统物性的变化产生很大的影响，揭示了磁稀释的相变特征，对研究磁掺杂的渗流特性和热动力学行为具有实际的应用价值。探究低维磁性材料中由 DM 作用引起的螺旋序对热力学量、临界性质的影响，以及检验有限尺寸的标度定律的普适性对于理解磁系统的一般规律具有重要的意义。本书将对蒙特卡罗方法在低维磁自旋系统中的应用做常识性的介绍。本书前两章主要介绍蒙特卡罗的基础知识，内容包括统计的思想、统计物理中各种常见的蒙特卡罗算法以及相变问题等，为后续的几章内容做了知识铺垫。第 3 章通过平面磁自旋转子模型，介绍了蒙特卡罗方法在该模型计算中的应用，并探讨了相变问题。第 4 章介绍了蒙特卡罗方法在一种广义的二维 XY 模型中的应用。第 5 章介绍了蒙特卡罗方法在考虑了各向异性 DM 作用下的二维磁自旋系统中的应用。在介绍这些内容的同时，文末附有大量的参考文献方便读者查阅。

由于著者水平有限,书中的差错或疏漏在所难免,请广大读者予以指正批评。同时,鉴于部分编程代码太长,没法在书中予以全部刊出,如有感兴趣的读者可以联系作者。

本书的出版得到了武汉纺织大学的大力支持,在此表示感谢。同时,对给予指导的易林教授、刘会平博士、王建生教授、G. M. Wysin 教授等表示衷心的感谢。

著　者

2022 年 8 月

目　录

第1章

绪 论

近年来,随着科技的进步,计算机越来越多地被运用到生活的各个角落,在科研上的应用尤其普遍。借助于许多编程语言如 C、C++、Fortran 等,许多发展多年的理论模拟方法在计算机上得以实现,计算机模拟为进一步的科学研究提供了有效的帮助。可以说,现代的科研越来越离不开计算机的辅助。蒙特卡罗(Monte Carlo)模拟方法在计算机上的成功应用就是其中一个典型的例子。蒙特卡罗方法通常又被称为统计模拟方法[1],是 20 世纪 40 年代中期随着电子计算机的发明而被提出的一种以概率统计理论为指导思想的数值计算模拟方法,它通过使用随机数(伪随机数)进行重复的统计试验来求解问题。这一方法的名称源于摩纳哥著名的赌城 Monte Carlo 镇。

正所谓大千世界无奇不有,人类生活的环境丰富多彩,并不是一成不变的规则世界,一系列复杂性和随机性的事件充斥在我们的周围,并且许多事件都以一定的概率出现,而蒙特卡罗方法就是以事件的概率为基础来解决实际问题的。为了解决金融工程学、宏观经济学、物理、数学以及生产管理等各领域的问题,人们往往先建立一个概率模型或随机过程,使其参数等于问题的解,然后通过对过程的观察或抽样试验来计算所要求参数的统计特征,最终得到所求解的近似值,这就是蒙特卡罗方法解决问题的基本思想。随着计算机技术的发展,蒙特卡罗方法已经在各个行业得到了广泛的应用。鉴于此,我们有必要回顾一下这种方法的发展历程。其实,在很久以前人们就对蒙特卡罗方法的思想有了简单的认识。在 17 世纪的时候,人们就知道了利用事件发生的"频率"来决定事件的"概率",并在博彩行业得到了实际应用,如赌博时用到的骰子。一个世纪以后,科学家蒲丰(Buffon)发明了随机投针估算圆周率的方法,这就是著名的蒲丰投针试验。要得到较为精确的结果，试验需要人工不断地重复测试和大量的记录，当时没有计算器的帮助，其工作量之大可想而知，即便如此，所得结果还是不十分准确，如我国科学家裴鹿成、张孝泽利用这种方法通过了几十万次的试验才将 π 准确到小数点以后两位，即 $\pi \approx 3.14$[2]。1889 年，数学家 Lord Rayleigh（瑞利）讨论了所谓的醉汉行走问题，反映到物理上也就是直线上的布朗运动在某一点的分布满足热传导方程的求解问题。之后十年，他证实了没有吸收势的一维随机行走能够为抛物线微分方程提供一个近似解。1931 年，Kolmogorov 证实了Markov（马尔科夫）随机过程和某些积分微分方程的关系，为蒙特卡罗法求解微积分方程打下了基础。蒙特卡罗方法真正作为一个工具应用到实际当中是在第二次世界大战中的曼哈顿工程，当时直接涉及核裂变材料中随机的中子扩散概率问题的模拟。直到 1948 年，Fermi（费米）、Metropolis（美特普利斯）和 Ulam（乌拉姆）通过计算获得了薛定谔方程本征值的蒙特卡罗估计解。

随着计算机和各种汇编语言的发明和应用，人们可以通过在计算机上产生所谓的"伪随机数"来模拟现实中的一些随机问题。最近几年，人们不断推出一系列计算软件包应用于科学计算，解决不同的科学问题。随着计算机 CPU 的升级换代，存储运算能力直线上升并出现了一系列的高性能并行计算机集群，在算法上不断改进和优化，使得用蒙特卡罗方法在计算机上进行大量、快速而准确的模拟试验可以非常容易地实现。例如，为了响应核裁军的协议，防止核试验对地球环境的破坏，现在世界上主要核大国都已停止了核试验，而是将试验搬到了计算机上，在大型高性能计算机上来模拟核反应核扩散过程，为开发和利用新一代核反应装置打下坚实的基础，让世界不再笼罩在核乌云下。

近年来，蒙特卡罗方法的实际应用范围越来越广泛，不仅在传统的物理学研究，如统计物理、反应堆的设计、半导体物理、分子动力学等中有所应用，而且还在人们的实际生活中得到应用，例如用来石油勘探的预测、交通流量的计算、道琼斯指数的预报等。此外，蒙特卡罗方法还被广泛使用于其他方面，例如估算粮食增长、一些聚合物蛋白质结构的预测等。如今，蒙特卡罗模拟方法已经渗透到各个学科领域和生活的方方面面，并发挥了有效的作用。可以说，只要有随机事件的存在，就有蒙特卡罗方法发挥的余地。统计物理是研究系统由复杂的非平衡态到平衡态的过程，这就为蒙特卡罗方法的运用提供了切入点。

一般统计物理被分为三部分：试验物理、理论物理和计算物理。随着计算机的发展，计算物理学已经发展为一门独立的物理学科。统计物理学中的蒙特卡罗方法是用随机的计算机模拟来研究平衡或非平衡热动力学系统的模型。我们知道，统计物理是同具有许多自由度的系统打交道的，统计物理学的一个典型问题就是按照一个模型哈密顿量描述物理系统，我们用伪随机数来架构一个近似的概率分布,系统的各种产生态就用此概率作为权重,然后计算该系统的平均宏观观测量,比如内能、磁化强度、比热等。其中磁性系统是统计物理学中研究的一个热门。

　　物质的磁现象一直是人们探讨的一个很古老的话题。19 世纪中期,以分子电流假说为基础,人们提出了最初的关于磁性介质的理论。后来随着铁磁材料的实际应用而发展了研究铁磁自发磁化现象的一系列方法,例如分子场理论和著名的关于顺磁磁化的居里定律。紧接着,对顺磁性和铁磁性分别发展了朗之万理论和居里-外斯理论。对于磁性的认识涉及物质结构的基本研究,现在人们已经知道物质的磁性来源于原子中电子和原子核的磁矩。虽然外斯分子场理论成功地解释了自发磁化现象,但不能解释分子磁矩之间的强相互作用现象。后来,海森堡首先提出了近邻原子之间的直接交换作用,给出了外斯分子场理论的实质解释,把自旋-自旋相互作用系统用一个哈密顿量表达,这就是著名的海森堡交换模型。由于参与交换作用的电子都是局域在原子附近的,所以该模型又称为局域电子模型。根据局域电子模型理论,由于交换作用,系统的基态是磁性离子自旋排列的有序状态,根据排列的不同,自旋-自旋相互作用系统基态的图像一般可以划分为铁磁有序、反铁磁有序和亚铁磁有序,此外还有螺旋磁有序等其他磁序状态。在自旋晶格系统中,铁磁序为各个格点上自旋取向一致的状态,反铁磁序和亚铁磁序描述相邻磁离子自旋取向相反的情况,它们仅在子晶格中具有自旋取向一致的特性。布洛赫基于海森堡模型提出了著名的自旋波的概念,用于讨论低温区自然磁化强度与温度的关系,得到了磁化强度随温度变化的规律,即布洛赫定律。自旋波的量子称为磁振子,和晶格振动中的格波相类似,自旋波是相互作用系统的集体激发,激发一个磁振子相当于一个自旋的反转。尽管局域电子模型对于绝缘体磁性材料的解释是非常成功的,但是在探讨金属的磁性时遇到了困难,由此发展起来的金属材料为自发磁化的能带理论做了一个完美的补充。近年来,随着一系列新材料的发现,人们对低维磁性材料无论在理论上还是在实验上进行了广泛的研究,形成了一些新的领域,如自旋电子学。理论上,不同的方法如平均场理论、重整化群理论、蒙特卡罗方法等被用来研究低维自旋系统中热动力学性质及临界性质取得了丰硕的成果。

　　最近,人们对螺旋磁和磁掺杂的研究颇感兴趣。自旋之间的交换作用对材料的磁性起到重要的作用,其中一种重要的各向异性作用——Dzyaloshinsky-Moriya(DM)作用对于螺旋磁现象的贡献成为人们探讨的热门话题。平面转子(两自旋)模型和 XY(三自旋)模型是两种常见的自旋模型,人们已经知道这两种系统中存在着由于涡旋-反涡旋对的释放引起的相变,系统相变的发生直接决定着态与态之间的转变过程,而对于 DM 作用所引起的相变特性以及对有限尺寸标度和热动力学的影响一直存在着争论。在本书中,我们详细介绍有效的蒙特卡罗方法来分析 DM 作用和稀释掺杂对低维磁系统的热动力学和相变以及临界指数的影响,以检验有限尺寸标度定律在 DM 作用下的普适性,希望对低维铁磁和反铁磁材料有一般规律的理解和解释,为新磁材料和磁器件的设计提供理论依据。

第 2 章

蒙特卡罗方法简介

▊ 2.1　热力学统计物理基本概念

2.1.1　配分函数、自由能、内能和熵[3]

平衡统计力学是建立在配分函数基础上的,配分函数包含了系统的重要信息。给定系统的哈密顿量 H,系统的配分函数可以表达为

$$Z = \sum_{\text{all states}} e^{-H/k_B T} \tag{2-1}$$

式中　T——温度;

　　k_B——玻尔兹曼常数;

　　$\sum$—— 对系统所有的可能态求和。

如果系统仅包含少量的相互作用粒子,加之粒子之间的相互作用比较简单,那么可以直接推导出配分函数。但一般来说,配分函数是不能直接精确求解的。如果系统第 μ 个态对应的哈密顿量为 $H(\mu)$,那么系统处在第 μ 个态的概率为

$$P_\mu = \frac{1}{Z} \exp[-H(\mu)/k_B T] \tag{2-2}$$

配分函数可以直接和其他热动力学量相联系。如自由能可表示为

$$F = -k_B T \ln Z \tag{2-3}$$

有了自由能,通过对自由能适当地求导,其他热动力学量都可获取。系统的内能可以通过自由能获得

$$U = -T^2 \partial(F/T)/\partial T \qquad (2\text{-}4)$$

从这个方程式可以看出,如果已知系统的内能,那么某一温度下的自由能就可以通过近似积分求出来。这在模拟中是很重要的,因为不用直接求自由能,通过内能的值就可间接求出自由能。自由能微分可以通过积分来估算,如

$$\Delta(F/T) = \int \mathrm{d}(1/T) U$$

熵是另一个重要的物理量,统计力学中对熵的定义为

$$S = -k_B \ln P \qquad (2\text{-}5)$$

P 是态出现的概率。熵也可以直接由自由能来确定

$$S = -(\partial F/\partial T)_{V,N} \qquad (2\text{-}6)$$

式中 V——体积;

　　　　N——系统粒子总数。

内能可以表达为广延变量 S、V、N 等的函数,其他的热力学势如亥姆霍兹自由能 F、焓 H、吉布斯函数 G 都可以由内能求出,它们之间存在着下列关系:

$$F = U - TS \qquad (2\text{-}7a)$$
$$H = U + pV \qquad (2\text{-}7b)$$
$$G = U - TS + pV \qquad (2\text{-}7c)$$

任何两个态的自由能差与它们之间的路径无关。系统中每一点都能表征一个完整的微观态的多维空间,称之为相空间,许多在相同条件下的全同系统可以构造出相空间上的平均,这些系统被称为系综。系综与约束条件相关,如温度 T 固定时的系统就属于正则系综。能量固定的系综为微正则系综。这两种情况下粒子数是守恒的。另外,假如粒子数能够浮动的话,这时的系综就称为巨正则系综。系统通常被限制在内延变量如温度、压强等固定的时候,那些外延变量如能量、体积等会随时间而涨落,蒙特卡罗模拟过程中可以观察到这些涨落现象。

2.1.2　涨落[4]

将方程(2-2)代入方程(2-1)可以得到系统在态 μ 处发生的概率为

$$P_\mu = \exp\{[F - H(\mu)]/k_B T\} = \exp(-S/k_B) \qquad (2\text{-}8)$$

不同的微观态数目如此众多,我们不仅对单个微观态的概率感兴趣,更主要的是对宏观变量如内能 U 等感兴趣。我们首先来看涨落量内能的平均值:

$$U(\beta) =< H(\mu) >= \sum_{\mu} P_{\mu} H(\mu) = \sum_{\mu} H(\mu) \mathrm{e}^{-\beta H(\mu)} / \sum_{\mu} \mathrm{e}^{-\beta H(\mu)} \quad (2\text{-}9)$$

其中，$\beta = 1/k_B T$，$< H^2 >= \sum_{\mu} H^2 \mathrm{e}^{-\beta H(\mu)} / \sum_{\mu} \mathrm{e}^{-\beta H(\mu)}$。

由上式可导出关系式 $-(\partial U(\beta)/\partial \beta)_V =< H^2 >-< H >^2$。由于内能与比热之间存在关系 $C_V =(\partial U/\partial T)_V$，由此可以得到比热的表达式

$$C_V = [< H^2 >-< H >^2]/k_B T^2 =, \langle (\Delta U)^2 \rangle_{NVT}/k_B T^2 \quad (2\text{-}10)$$

其中 $\Delta U = H -< H >$。对远离临界点的宏观系统(粒子数 $N \gg 1$)，$U \propto N$。可是因为 $< H^2 >$ 和 $< H >^2$ 显然都是正比于 N^2 的，能量的相对涨落很小，量级为 $1/N$，由于粒子数众多，在实验上的实际测量中，涨落太小以至于没法探测到。然而这些热涨落在模拟过程中却可以很容易观察到，例如可以利用方程(2-10)通过能量的涨落来测量比热。其他的物理量中也存在着类似的涨落关系，例如等温磁化率 $\chi =(\partial < M > /\partial H)_T$ 就跟磁化强度 $M = \sum_i \sigma_i$ 的涨落相关，其表达式为

$$\chi = [< M^2 >-< M >^2]/k_B T = \sum_{i,j} (< \sigma_i \sigma_j >-< \sigma_i >< \sigma_j >)/k_B T$$

$$(2\text{-}11)$$

其中 $< M >= \sum_{\mu} M \exp[-\beta H(\mu)] / \sum_{\mu} \exp[-\beta H(\mu)]$ 为平均磁化强度，磁化强度的相对涨落也很小。

2.1.3　概率理论和统计误差[4-5]

由于蒙特卡罗模拟直接涉及概率问题，因此对概率和统计的一些概念的了解是统计物理中的蒙特卡罗模拟所必须具备的。在本节中就概率论的一些基本原理做一简单的介绍。

考虑一系列的随机事件，分别标记为 $A_1, A_2, \cdots, A_k$，假设这一事件重复发生 N 次($N \gg 1$)，那么 A_k 出现的概率为

$$P(A_k) = p_k = \lim_{n \to \infty}(N_k/N) \quad (2\text{-}12)$$

其中 $\sum_k p_k = 1, 0 \leqslant p_k \leqslant 1$，由此可以得到 $P(A_i \cap A_j) \leqslant [P(A_i) + P(A_j)]$，我们称 A_i、A_j 为相互排斥的事件，也就意味着二者不能同时发生。由此可得

$$P(A_i \cap A_j) = 0, P(A_i \cap A_j) = P(A_i) + P(A_j) \quad (2\text{-}13)$$

接下来考察两个独立的事件，第一个事件 $\{A_i\}$ 概率为 p_{1i}；第二个事件 $\{B_j\}$ 概率为 p_{2i}，现在观察结果 (A_i, A_j) 并定义 A_i、B_j 发生的交叉概率 p_{ij}：

$$p_{ij} = p_{1i} \times p_{2j} \qquad (2\text{-}14)$$

如果两个事件不独立,假定 A_i 发生,定义 B_j 发生的条件概率 $p(j|i)$:

$$p(j \mid i) = \frac{p_{ij}}{\sum\limits_k p_{ik}} = \frac{p_{ij}}{p_{1i}} \qquad (2\text{-}15)$$

很明显可以得到 $\sum\limits_j p(j \mid i) = 1$。这样的随机事件的输出或者是逻辑变量(真或假),或者是实数 x_i。这些数称为随机变量,定义随机变量的期望值如下:

$$<x_i> = E(x) = \sum_i p_i x_i \qquad (2\text{-}16)$$

那么任一个实函数 $g(x_i)$ 的期望值为

$$<g(x_i)> = E(g,x) = \sum_i p_i g(x_i) \qquad (2\text{-}17)$$

此外,从两个函数 $g_1(x)$、$g_2(x)$ 出发并考虑它们的线性组合,假设组合系数为 λ_1、λ_2,则有 $<\lambda_1 g_1(x) + \lambda_2 g_2(x)> = \lambda_1 <g_1> + \lambda_2 <g_2>$。定义 x 的第 n 幂率 $<x^n> = \sum\limits_i p_i x_i^n$,可以得到累积量的表达式

$$\langle (x - <x>)^n \rangle = \sum_i p_i (x_i - <x>)^n \qquad (2\text{-}18)$$

其中很重要的是取 $n=2$,可以得到方差的表达式

$$\mathrm{var}(x) = \langle (x - <x>)^2 \rangle = <x^2> - <x>^2 \qquad (2\text{-}19)$$

如果将此定义推广到两个随机变量 x_i、y_j,则 $\langle xy \rangle = \sum\limits_{i,j} p_{ij} x_i y_j$,如果 x 和 y 是相互独立的,则 $p_{ij} = p_{1i} p_{2j}$,并且

$$\langle xy \rangle = \sum_i p_{1i} x_i \sum_j p_{2j} x_j = \langle x \rangle \langle y \rangle \qquad (2\text{-}20)$$

在对两个随机变量单独的次数进行测量时,可以取协方差

$$\mathrm{cov}(x,y) = <xy> - <x><y> \qquad (2\text{-}21)$$

下面关于误差的一些介绍,首先假设某个量 A 具有高斯分布的形式,宽度为 σ。考虑 A 的 n 个独立观察量 $\{A_i\}$,那么 A 的平均值为

$$\bar{A} = \frac{1}{n} \sum_{i=1}^{n} A_i \qquad (2\text{-}22)$$

则标准误差定义为

$$\mathrm{error} = \sigma / \sqrt{n} \qquad (2\text{-}23)$$

定义偏差 $\delta A_i = A_i - \bar{A}$,一般情况下 $\overline{\delta A_i} = 0$、$<\delta A> = 0$,则平均平方偏差定为

$$\overline{\delta A^2} = \frac{1}{n} \sum_{i=1}^{n} (\delta A_i)^2 = \overline{A^2} - (\bar{A})^2 \qquad (2\text{-}24)$$

其期望值为

$$\overline{<\delta A^2>}=(<A^2>-<A>^2)(1-1/n) \qquad (2\text{-}25)$$

由此可得误差的表达式

$$\text{error}=\sqrt{\overline{<\delta A^2>}/(n-1)}=\sqrt{\sum_{i=1}^{n}(\delta A_i)^2[n(n-1)]} \qquad (2\text{-}26)$$

在简单蒙特卡罗抽样中可以直接利用该方程计算误差。而在重要性蒙特卡罗抽样中,考虑到观察量$\{A_i\}$之间的动力学关联性,误差表达式被下面方程取代

$$\text{error}^2=\frac{1}{n}(<A^2>-<A>^2)(1+2\tau_A/\delta t) \qquad (2\text{-}27)$$

其中 δt——两个连续产生态 A_i、A_{i+1} 之间的时间间隔;

τ_A—— 关联时间,其值是通过对弛豫函数 $f_A(t)$ 积分求得的,即 $\tau_A=\int_0^{\infty}f_A(t)\mathrm{d}t$。

2.2 统计物理学中的蒙特卡罗方法

2.2.1 渗流理论和简单抽样[4,6]

统计力学中一个起到重要作用的几何问题就是所谓的渗流(Percolation,又译为逾渗)问题[7]。渗流的过程是指通过随机增加一系列物体,使它们跨越整个系统的连续路径形成的过程。渗流具有悠久的发展历史,其他方面的渗流理论我们在此不予介绍,本节主要介绍网格渗流,一般包含点渗流和键渗流。

网格是由许多格点组成的,初始时没有被占有,自旋以概率 p 随机分布于格点上就会形成一系列的团簇,所有占有点的最近邻之间通过键来连接。如果周围没有任何占有点,那么单点就形成了一个最小的团簇。当网格尺寸趋于无穷大时,如 $p<p_c$,则跨越团簇产生的概率为 0;如 $p>p_c$,则其产生的概率为 1,即团簇由这一边延伸到另外一边,中间不间断。图 2-1 画出了两种情况下的位形。

另一个重要的概念是渗流序参数 M,其定义为一个被占格点属于无穷跨越团簇的百分率或概率。计算 M 最简单的方法就是模拟格点以百分率 p 被占有,产生许多不同的位形,然后计算无穷团簇出现时候态所占的百分率。对于相对

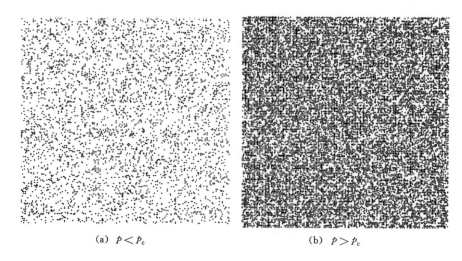

(a)　$p < p_c$　　　　　　　　　　(b)　$p > p_c$

图 2-1　点渗流位形

稀疏的占有率 p，M 为零；随着 p 的增大，达到了一个被称为渗流阈值的位置，即 $p = p_c$，M 开始大于零，并随着 p 的增大而增大。假设一个格点将被占有，最近邻网格点间用线连接，那么每条线或者是以概率 p 出现的开键，或者是以概率 $1 - p$ 出现的闭合键。团簇由一些通过开键连接起来的格点组成。当测量团簇大小的时候，我们还得定义团簇尺寸计数的是点数还是键数。这样就给人一种模糊的印象，例如，由一个开键连接彼此的两个点和由闭合键与所有其他的点连接的两个点，这样的两个点被用来衡量团簇尺寸时为两个点呢还是一个键呢。常见的几种网格的渗流阈值 p_c 如表 2-1 所示。

表 2-1　不同网格的点渗流和键渗流阈值

网格名称	点渗流	键渗流
四方网格	0.592 746	0.500 0
三角网格	0.500 0	0.347 29
蜂状网格	0.696 2	0.652 71
菱形网格	0.43	0.388
简立方网格	0.311 6	0.248 8
面心立方网格	0.198	0.119

在渗流阈值附近，渗流序参数 M 有下面一种表达式：

$$M = C(p - p_c)^{\beta} \tag{2-28}$$

对于网格上随机分布的点,会形成不同大小的团簇,渗流团簇具有复杂的形状,如图 2-1 所示。有了序参数,对应的等效磁化率定义如下

$$\chi = \sum_c s^2 n(s) \tag{2-29}$$

其中 $n(s)$ 表示大小为 s 的团簇数,$\sum$ 表示对所有团簇求和。在渗流阈值,团簇尺寸分布 $n(s)$ 也有一个特征行为

$$n(s) \propto s^\tau, s \to \infty \tag{2-30}$$

这里面隐含着当 $L \to \infty$ 时,方程(2-29)中的求和发散。蒙特卡罗方法可以直接应用到此类问题中。

如何辨认团簇以便寻找是否有团簇形成渗流团簇呢? Hoshen 和 Kopelman 首先提出了一种辨认团簇的算法[8],这种算法被后人称为 HK 团簇算法。这种算法是利用加标号的方法,从左到右直到右边终点对格点进行扫描,扫描完一行然后进入下一行,依次类推。首先把第一个被占格点的标号设为 1,如果下一个格点也被占,就将标号 1 代到这个格点上,如果一个被占的格点与标号为 1 的格点不连接,就给它赋一标号为 2,依次类推,最后整个网格被占有点都赋予了标号。由于先前只考虑了左右连接的问题,还没有考虑上下连接的问题,从第一个标号 1 开始,看它的上下标号为多少,如果上下格点相连,就将最小的标号 1 挪到该点上,然后再看第二个被标格点,依次类推,这样,很可能会出现标号为 2 的格点也在标号为 1 的团簇里面的情形;接下来就是标号的重整过程,将所有的团簇标号由小到大重新分配,形成新的团簇。每个团簇上的占有点标号相同。然后,就可以计算团簇数和每个团簇的格点数,并判断团簇是否连通两边形成跨越团簇。

蒙特卡罗方法的出发点就是要近似求出任何可观察量的热平均。离散情况下,观察量 $A(x)$ 在一系列集合 $\{x_1, x_2, \cdots, x_N\}$ 上平均为

$$\overline{A(x)} = \frac{\sum_{i=1}^{N} \exp[-H(x_i)/k_B T] A(x_i)}{\sum_{i=1}^{N} \exp[-H(x_i)/k_B T]} \tag{2-31}$$

由上式描述的方法被称为简单抽样蒙特卡罗方法。除了在随机行走型问题和其他非热学问题如渗流有应用之外,简单抽样技术对求解物理量的热平均不起作用。这就需要有一个效率更高的方法,不是完全随机地对式(2-31)中包含的各个位形进行抽样,而是优先从相空间中在温度 T 下最为重要的那一个区域中对位形进行抽样,这种抽样方法就是下面要介绍的重要性抽样算法。

2.2.2 本书用到的几种算法

重要性抽样过程是根据某一概率 $p(x_i)$ 选取相空间点 x_i,然后取这一组 $\{x_i\}$ 来求热平均,式(2-31)变为

$$\overline{A(x)} = \frac{\sum\limits_{i=1}^{N} \exp[-H(x_i)/k_BT]A(x_i)/p(x_i)}{\sum\limits_{i=1}^{N} \exp[-H(x_i)/k_BT]/p(x_i)} \tag{2-32}$$

如果取 $p(x_i) \propto \exp[-H(x_i)/k_BT]$,可以抵消前面的玻尔兹曼因子,上式就化为简单的算术平均

$$\overline{A(x)} = \frac{1}{M}\sum_{i=1}^{M}A(x_i) \tag{2-33}$$

基于此理论,一些重要的算法相继被提出并得到了实际应用,在本书中,我们主要用到了以下几种算法:

(1) Metropolis 算法[9]

Metropolis 等设想微观状态的抽样过程通过构造一个马尔可夫链来进行[3]。也就是考虑不要选取彼此无关的相继的各个状态(x_i),而是建立一个马尔可夫过程,过程中每一个状态 x_{i+1} 都由前一个状态 x_i 通过一个合适的跃迁概率 $W(x_i \rightarrow x_{i+1})$ 得到。首先一连串的态随着时间路径产生,当然,这里的时间是指蒙特卡罗时间,而不是真实的时间。模型中,时间依赖行为是通过主宰方程来描述的。

$$\frac{\partial p(x_n,t)}{\partial t} = -\sum_{x_n \neq x_m} \left[p(x_n,t)W(x_n \rightarrow x_m) - p(x_m,t)W(x_m \rightarrow x_n) \right] \tag{2-34}$$

这里 $p(x_n,t)$ 是系统在时间 t、态 x_n 时的概率,$W(x_n \rightarrow x_m)$ 是从态 x_n 到态 x_m 的跃迁概率。平衡时 $\frac{\partial p(x_n,t)}{\partial t}=0$,这时两个微观态 x_n 和 x_m 满足细致平衡条件

$$p_{eq}(x_n)W(x_n \rightarrow x_m) = p_{eq}(x_m)W(x_m \rightarrow x_n) \tag{2-35}$$

其中 $p_{eq}(x_n)$ 为状态的平衡分布函数,其表达式为

$$p_{eq}(x_n) = \frac{1}{Z}\exp\left(\frac{-H(x_n)}{k_BT}\right) \tag{2-36}$$

然而由于分母中配分函数的存在,这一概率是很难精确求解的。但是,可以

产生态的马尔可夫链避免这种情况,如果对方程进行推导,就可以消去配分函数,得到

$$\frac{W(x_n \rightarrow x_m)}{W(x_m \rightarrow x_n)} = \frac{p_{eq}(x_m)}{p_{eq}(x_n)} = e^{-\beta\delta H} \tag{2-37}$$

其中 $\beta = 1/k_B T, \delta H = H_m - H_n$ 为两最近邻态之间的能量差。任何满足细致平衡的跃迁概率都可以被接受,统计物理中首选的跃迁概率就是 Metropolis 形式。

$$W(x_n \rightarrow x_m) = \begin{cases} \tau_0^{-1}\exp(-\delta H/k_B T), & \delta H > 0 \\ \tau_0^{-1}, & \delta H \leqslant 0 \end{cases} \tag{2-38}$$

其中 τ_0 是试图自旋反转的时间,是蒙特卡罗时间的单位,模拟过程中这一时间单位常取为 1。在马尔可夫链经过足够大的 N 步后,可以认为体系由初始的随机状态出发最后达到了近似平衡态。这样对以后的马尔可夫链上的微观状态,就可以继续按马尔可夫抽样来计算各个物理量的平均值。整个 Metropolis 算法步骤如图 2-2 所示。

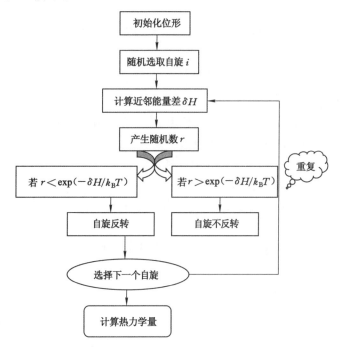

图 2-2　Metropolis 算法流程图

　　Metropolis 算法计算物理量的热平均是一个比较有效的方法。但在讨论临界行为的相变问题时,由于自旋系统的临界慢化现象,这种方法在临界点附近和低温区域的计算不是很有效,而相变又是统计物理研究中极其重要的问题,这就

需要引进其他新的算法,而局域算法和团簇算法大大改观了临界慢化现象。

(2) 超弛豫算法[10-13]

超弛豫算法(Over-relaxation)是一种局域的蒙特卡罗算法,是一种特殊的非随机性更新。对于一个能量函数 $H(\varphi)$,假设 $H(\varphi)$ 具有对称性,可以在位形空间中反演,例如,存在某一 α 满足下列关系

$$H(\alpha - \varphi) = H(\varphi) \tag{2-39}$$

并且满足概率 $p(\varphi) = p(\alpha - \varphi)$,那么就会有如下反演

$$\varphi \rightarrow \varphi' = \alpha - \varphi \tag{2-40}$$

由于反演前后 $H(\varphi)$ 和 $p(\varphi)$ 值都没有改变,所以这一反演过程正好满足了细致平衡条件。我们还可以将弛豫更新推广到非对称的情况。通过转化函数定义弛豫更新

$$W_f(\varphi \rightarrow \varphi') = \delta(\varphi' - F(\varphi)) \tag{2-41}$$

函数 F 须选择满足:

I. $p(\varphi)\mathrm{d}\varphi = p(\varphi')\mathrm{d}\varphi' = p(\varphi') \left\| \dfrac{\mathrm{d}\varphi'}{\mathrm{d}\varphi} \right\| \mathrm{d}\varphi \Rightarrow$

$$\left\| \frac{\mathrm{d}F(\varphi)}{\mathrm{d}\varphi} \right\| = \exp\left[\frac{H(F(\varphi)) - H(\varphi)}{k_\mathrm{B}T} \right] \tag{2-42}$$

II. $F[F(\varphi)] = \varphi \tag{2-43}$

式(2-42)意味着在热平衡中结果位形 φ' 必须与初始位形 φ 同概率发生,式(2-43)暗含应用弛豫两次后又回到原来出发点。这两点确保了细致平衡条件的成立。下面以平面转子模型为例介绍这种算法。

平面转子模型的哈密顿量为

$$H = -J \sum_{\langle i,j \rangle} (S_i^x S_j^x + S_i^y S_j^y) = -J \sum_{\langle i,j \rangle} \cos(\theta_i - \theta_j) \tag{2-44}$$

其配分函数为 $Z = \int_{-\pi}^{\pi} \left[\prod_i \mathrm{d}\theta_i \right] \mathrm{e}^{-H/k_\mathrm{B}T}$。下面我们选择最近邻自旋的有效的相互作用场作为反演函数 $\boldsymbol{B}_j = J \sum_j (\boldsymbol{S}_j^x + \boldsymbol{S}_j^y)$,那么可以将自旋通过以下算式更新。

$$\boldsymbol{S}_i \rightarrow 2 \frac{\boldsymbol{S}_i \cdot \boldsymbol{B}_j}{\| B_j \|^2} \boldsymbol{B}_j - \boldsymbol{S}_i \tag{2-45}$$

将式(2-45)右边代入原哈密顿量方程发现能量保持守恒。该算法是确定性的,并且更新速度很快,但是由于缺乏随机性,必须和其他的随机性算法结合起来才能收到有效的效果。

(3) Swendsen-Wang(SW)算法

Swendsen 和 Wang 首次将 HK 团簇规则应用到蒙特卡罗模拟中,他们在

总结前人工作的基础上,提出了一种全新的团簇反转算法[14]。跟 Metropolis 算法一样,SW 算法也是从一个初始的自旋图出发,在网格行走的过程中,根据 Fortuin-Kasteleyn 理论,两个相邻自旋间按照概率 $p=1-\exp(-2J/k_BT)$ 进行放键,然后由 HK 规则来进行团簇辨认,产生一个由一系列键连接而成的网络。前面介绍过,该规则在判断渗流网络是否导通方面具有很有效的应用。如图 2-3 所示,以伊辛模型为例,初始的自旋位形如图 2-3(a)所示,加号代表自旋朝上,减号代表自旋朝下,然后通过 HK 规则对自旋进行编号,将自旋方向相同的用键连接起来,形成如图 2-3(b)所示的键图,最终连接而形成了一个个的团簇,接下来就对团簇中的每个自旋进行反转,从而形成了新的团簇,如图 2-3(c)所示。

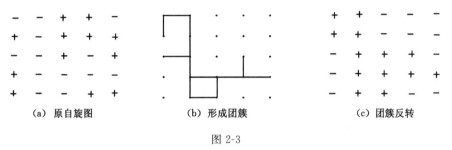

(a) 原自旋图   (b) 形成团簇   (c) 团簇反转

图 2-3

由于每对格点间放键的概率是与温度有关系的,由此而形成的团簇分布将会随温度有很大的变化。高温时形成的团簇就相对较小。在临界点附近,产生团簇相当丰富,结果是每个图形都与先前的位形实质上完全不同,这就减少了临界慢化现象,对于研究临界点附近的物理性质非常有用。事实上,通过对特征时间标度即关联时间的测量可以直接显示出该算法的优势。例如,动力学临界指数 z 由 Metropolis 算法所得的值高于 2,而由 SW 算法所得值在二维时降至接近于 0,三维时接近于 0.5。整个算法的执行过程中依赖于程序的复杂性,SW 程序比单自旋更新复杂得多,因此,对小网格来说,SW 算法并不占有很大优势,实际上其运算时间是比较慢的。但对于足够大的网格,这一算法最终是更加有效的。SW 方法执行的流程图见图 2-4。

前面已经提到,SW 方法最明显的不足就是把主要的时间都放在处理不同的团簇上,由于小团簇对临界慢化现象没有贡献,因此将小团簇考虑进去反而不会对算法有多少促进。在此基础上,Wolff 提出了一种新的算法。

(4) Wolff 算法[15]

基于 FK 理论,在 SW 算法的基础上,Wolff 并不考虑小团簇的影响。该算法也是从随机选取的一个点出发,最近邻之间也按照概率 $p=1-\exp(-2J/k_BT)$ 放

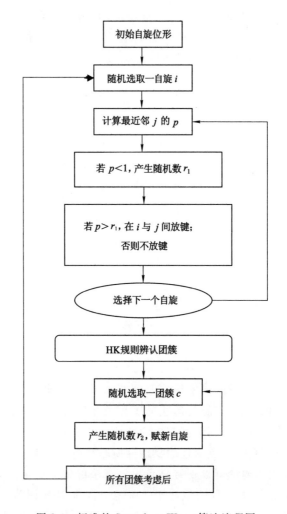

图 2-4　标准的 Swendsen-Wang 算法流程图

键,最近邻的自旋都考虑完毕,然后同样考虑到最近邻自旋的最近邻格点,同样按照概率 p 放键,依次类推,直到所有的最近邻都考虑到,没有键可放的地步。这样就形成了一个大团簇。然后将该团簇内的自旋全部反转。接着再随机选择一个自旋,重复上面的步骤。其整个流程如图 2-5 所示。

Wolff 算法可以获得比 SW 算法更小的动力学临界指数,相比来说更加有效。当然了,蒙特卡罗时间的测量更加复杂,因为每一次团簇反转都需要不断选取不同的自旋。这种算法因此常常被用来测试随机数产生器的优劣。

近年来,由于每种算法都有一定的局限性和碰到一系列的新问题,人们不

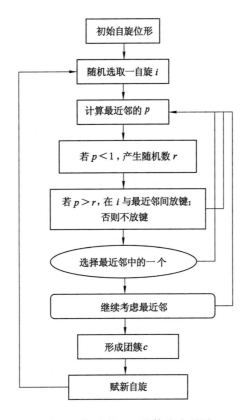

图 2-5　标准的 Wolff 算法流程图

断改进和探寻新的算法,其中较为常见的有柱状图法[16-17]、Replica 蒙特卡罗算法[18]、转移矩阵蒙特卡罗方法[19]、蒙特卡罗重整化群法[20]、蠕虫算法[21]以及 Wang-Landau 方法[22]等。每一种算法都有其适用的范围,也许某种算法在模拟这种材料中有效,但在另外一种模型中就失效。例如,Wolff 算法在二维 XY 模型和伊辛模型中非常有效,但在自旋玻璃模型中却不适用,而 Replica 蒙特卡罗算法却适用于自旋玻璃模型。实际上,在模拟计算的操作中,人们往往将两种或多种算法组合起来使用,收到了很好的效果,得到了更加精确的计算数据。本书所涉及的模型,都是利用了上面所介绍的几种算法形成的组合算法进行计算的,事实证明,这种方法可以有效地减少临界慢化现象。

2.3 相变和有限尺寸效应

2.3.1 边界条件

蒙特卡罗取样都是在有限网格上执行的,网格上的边界效应对整个模拟的结果产生很大的影响,怎样选择合适的边界条件对模拟至关重要,下面以四方网格为例,介绍几种常用的边界条件。

（1）周期性边界条件

最常见的一种边界条件是周期性边界条件,如图 2-6(a)所示,第一行最左边的自旋格点连接最后一个格点作为左边最近邻格点,最后一个格点连接第一个格点作为右边的近邻格点;同理,上下格点的近邻连接也是如此,这样形成周期性排列网格。自由边界条件虽然可以削弱边界的影响,但关联长度的最大值被限制在 $L/2$,而不是无穷大,因此,系统的性质还是不能与无限大系统的性质相一致。当遇到有序态的自旋在不同格点之间随符号有交替变化的时候,周期性边界条件在这样的系统中的应用要小心,因为周期边界条件的应用很容易引起边界的不匹配效应。例如对铁磁伊辛模型,其线度大小 L 可以是奇数,也可以是偶数,因为其自旋排列相一致。但对反铁磁伊辛模型,自旋在子网格中排列才一致,因此 L 则必须为偶数,否则立方反铁磁伊辛模型的双子格结构就会同格点不匹配。我们在后面的章节中将会遇到这种情况。有限尺寸效应和边界条件直接影响到系统的相变,在所有二级相变中,关联长度的临界发散受到系统的有限尺寸大小和周期性的强烈干扰[23-27]。

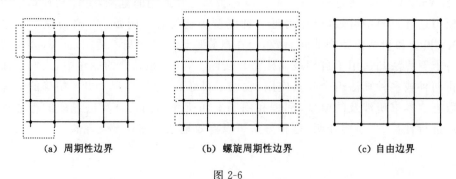

（a）周期性边界   （b）螺旋周期性边界   （c）自由边界

图 2-6

（2）螺旋周期性边界条件

螺旋边界条件是把第一行的尾格点和第二行的头格点连接作为最近邻,每一行都是如此,最后一行的尾格点和第一行的头格点连接,这样构成了一种螺旋状的网格结构,可以说是周期性边界条件的一个变形。这一边界条件除了限制可能的关联长度的最大值之外,还引入了一个"缝隙",这就意味着系统的性质不会完全统一。在无穷大网格尺寸下,这种影响可以忽略,但对有限尺寸网格,由于存在着完全周期性边界条件的系统破缺现象,此时这一影响就不能被忽视了。

（3）自由边界条件

这种边界在行的末端格点不会跟其他行格点之间存在着某种关联,在网格的四周边界上都没有近邻格点,形成一种自由的状态。自由边界不但能引起有限尺寸的模糊效应,而且由于边缘处悬空键的存在,会产生表面效应。在有些情况下,自由边界条件是可以实现的,例如在模拟超顺磁粒子和颗粒的时候。但自由边界下系统的性质不同于相应的无限系统,如果加上某种周期边界的话,系统的性质将更加丰富。如为了模拟薄膜,周期性边界条件用在平行于薄膜方向上,而在垂直于薄膜方向用自由边界条件。这种情况下,自由边条件是为了模拟系统的物理自由表面,包括表面场、改变表面层间的作用[28]。以此方式,人们可以研究诸如湿润现象、界面的定域性-离域相变、表面引起的有序无序等[29],还可以应用到离散网格问题。

2.3.2　有限尺寸效应和临界性质

前面我们已经提到系统的有限性的影响是很明显的,整个蒙特卡罗模拟过程都是在有限大小的系统上进行的,当然,系统的尺寸越大,越接近于真实的物质结构。但是,受到计算机运算存储能力的限制,系统不可能取成无穷大,而只能尽量取得最大,加上边界条件,须在有限尺寸的范围内来研究。因为我们的主要兴趣集中在无限系统上的结果,于是在理论推导方法的前提下,外推到无穷大的情形,从而获得我们想要的结果。

相变是物质在一定的条件下所发生的突变过程,包括从结构到结构的改变、组成化学成分的不连续变化以及物理性质的跃变等。相变问题的研究在相关学科中一直吸引着人们的注意力,并在许多物理领域中作为中心研究课题。尽管一些简单的方法比如平均场理论,能够给出简单的、直觉的相变图,但不能提供一个量上的框架来解释更广范围内的现象。蒙特卡罗模拟能够给出相变范围的精确解,尤其是捕捉发生在相变点的一些重要过程的概念性特征。热力学中,相变一般可分为一阶相变和二阶相变。如果对相变温度 T_c 自由能的一阶求导是连续的,这时的相变为一阶相变;如果自由能的一阶求导是连续的,而自由能的二阶求导不连续,则为二阶相变。按照有限尺寸标度理论,二阶相变发生的过程中,热动力学极限下系统的临界行为能从自由能的各部分的尺寸依赖中得到。假设 L 和 T 为变量,自由能可以由标度尺度来描述:

$$F(L, T) = L^{-(2-\alpha)/\nu} F^0(\varepsilon L^{1/\nu}) \tag{2-46}$$

其中,$\varepsilon = (T - T_C)/T_C$;$\alpha$ 和 ν 是临界指数,对应的是在系统无穷大时的值;标度变量 $x = \varepsilon L^{1/\nu}$ 是由被限制在有限网格尺寸 L 的关联长度的观察推导的,关联长度在接近相变点时随 $\varepsilon^{-\nu}$ 发散。对自由能进行恰当求导可推出各种热动力学量,并分别具有相应的标度形式,例如:

$$M = L^{-\beta/\nu} M^0(\varepsilon L^{1/\nu}) \tag{2-47a}$$

$$\chi = L^{\gamma/\nu} \chi^0(\varepsilon L^{1/\nu}) \tag{2-47b}$$

$$C_V = L^{\alpha/\nu} C^0(\varepsilon L^{1/\nu}) \tag{2-47c}$$

其中 $M^0(x)$、$\chi^0(x)$、$C^0(x)$ 称为标度函数。值得注意的是,有限尺寸标度尺度仅对足够大的 L 和温度接近 T_C 时是有效的,对小系统和在温度远离相变温度时,就需要考虑纠正项和有限尺寸标度[30-32]。准确地说,在相变点,由于标度函数 $M^0(0)$、$\chi^0(0)$、$C^0(0)$ 趋于常数,热动力学性质都呈现出幂率形式:

$$M = L^{-\beta/\nu} \tag{2-48a}$$

$$\chi = L^{\gamma/\nu} \tag{2-48b}$$

$$C_V = L^{\alpha/\nu} \tag{2-48c}$$

根据物理量的这些幂率形式,可以得到临界指数值。这些临界指数并不是相互孤立的,它们之间存在着一系列标度关系。如在二维系统中,有 $\alpha + 2\beta + \gamma = 2$、$\alpha = 2 - 2\nu$。除了那些基于序参数或能量概率分布的一阶矩或二阶矩的量,人们还可以通过研究有限尺寸网格概率分布的高阶矩来获得一些更有意义的信息。比如通过计算序参数的四阶累积量发现更多信息是一个有效的方法[33]。比如对无外场时的伊辛模型,由于对称性,所有的奇数矩都消失,四阶累积量简化为

$$U_4 = 1 - \frac{<m^4>}{3<m^2>^2} \tag{2-49}$$

在系统大小 $L \to \infty$ 时,$T > T_C$,$U_4 \to 0$,而 $T < T_C$,$U_4 \to 2/3$。对足够大的系统而言,温度的函数 U_4 曲线交于一个固定点值 U^*,并且相交的固定点的位置就是临界点。因此,通过不同尺寸网格作图,从交叉点的位置估计相变温度 T_C,在后面章节中会详细讨论结果。如果所取系统尺寸比较小,需要考虑纠正项以确保所有的线都能交叉。由于加上纠正项后会出现更强的复杂性,在此就不再赘述。但是这种累积量方法由于受到系统尺寸的限制,如果在没有加纠正项并且系统尺寸不够大的时候,得到的相变温度不是准确的,但是可以用来估算

相变温度的大体数值。关于这一点,我们将在后面的模拟过程中给予具体的实例说明。

另一种估计相变温度较精确的技术依赖于某些热动力学量(如比热、磁化率等)的峰值[34-35]。由热动力学量峰的位置可以得到有限网格的伪相变温度 $T_C(L)$。伪相变温度考虑纠正项并与系统大小有下列标度关系

$$T_C(L) = T_C + \lambda L^{-1/\nu}(1 + bL^{-w}) \tag{2-50}$$

或用反向温度 β 表示为

$$\beta_C(L) = \beta_C + \lambda' L^{-1/\nu}(1 + b'L^{-w}) \tag{2-51}$$

其中 λ、b 或 λ'、b' 为常数,$\beta = J/k_B T$,由于不同的热动力学量有其自身的标度函数,所以两类方程的指数都相同,方程前面的系数不同。有限系统中不同热动力学量的峰值出现在不同的温度,由此对应着可能是负的 λ 值或者正的 λ 值。用方程(2-50)、(2-51)来确定无穷大系统相变的位置,还需要知道精确的 ν 值和伪相变温度 $T_C(L)$ 的数值。在 $T_C(L)$、ν 和 w 未知的情况下,用方程(2-51)拟合就需要不断调整式中的几个参数,以达到最佳拟合效果。在已知 $T_C(L)$、ν 和 w 的情况下,就可以得到非常漂亮的相变温度的数值,通常,为方便起见,往往不考虑纠正项的影响,直接简化为 $T_C(L) = T_C + \lambda L^{-1/\nu}$。

由于没有直接测量临界指数 ν 的量,从蒙特卡罗数据中直接确定 ν 值存在一定的困难。后来人们发现对四阶累积量的热力学求导来确定 ν 值是非常有效的。在有限尺寸标度范围内其求导公式为

$$\frac{\partial U_4}{\partial \beta} = aL^{1/\nu}(1 + bL^{-w}) \tag{2-52}$$

此外还可以磁化强度的 n 次幂求导得到 ν 的估计值

$$\frac{\partial \ln <m^n>}{\partial \beta} = (<m^n E>/<m^n>) - <E> \tag{2-53}$$

因为上式同样存在下列标度关系

$$\frac{\partial \ln <m^n>}{\partial \beta} = a'L^{1/\nu}(1 + b'L^{-w}) \tag{2-54}$$

其中一阶求导

$$\frac{\partial <m>}{\partial \beta} = <m><E> - <mE> \tag{2-55}$$

对应的标度关系为

$$\frac{\partial <m>}{\partial \beta} = cL^{(1-\beta)/\nu}(1 + dL^{-w}) \tag{2-56}$$

这些量如果存在峰值的话,其最大值位置提供的 $\beta_C(L)$ 值也可以由方程(2-51)来导出相变温度。在三维伊辛模型中,采用以上介绍的方法来确定 ν 值

是非常有效的。

此外,如前所述,也可以考虑比热 C_V 和序参磁化率 χ' 来确定相变温度

$$\chi' = \beta L^d (<m^2> - <|m|>^2) \tag{2-57}$$

这里的磁化率与真实的磁化率 $\chi = \beta L^d(<m^2> - <m>^2)$ 有所不同,因为 χ 没有峰值出现,当然可以通过式(2-49)得到临界指数 γ/ν,或者通过相变点的标度关系 $\chi \propto (T-T_C)^\gamma$ 拟合估算临界指数 γ 和相变温度。

2.4 BKT 相变和各向异性

与伊辛模型一样,平面转子模型(两自旋 XY 模型)是另外一个常用的模型。其哈密顿形式如方程(2-44)所示。该模型可以用来描述超流 H^4e 薄膜[36-38]、超导材料[39]以及库仑气系统等[40]。对于具有连续性对称群及连续性相互作用哈密顿量的二维自旋模型,Mermin-Wagner 理论[41]提出没有一般的长程有序相变存在于这些系统中。因此高于二维的时候,$O(n)$ 对称的自旋模型中没有自发磁化强度。从物理意义上讲,这是因为二维系统中存在的任何长程有序都会被自旋波激发所破坏。然而,这些模型中存在着一种拓扑长程有序。Berezinskii 最早意识到这种准长程序的存在[42],紧接着,Kosterlitz 和 Thouless 利用重整化群方法研究二维平面转子模型时发现了这种在有限温度下发生的相变是由于涡旋配对的释放引起的,这种相变理论就是后来有名的 BKT 相变理论[43]。该理论的核心观点就是自旋-自旋之间的关联函数的幂率行为由低温相被结合的涡旋对所调制,此时关联长度是无穷大的,而相变温度涡旋对的释放引起的关联强度在高温相呈指数性下降。其机理就是在低温发现涡旋以结合成对的形式出现,随着温度的升高达到某一临界温度 T_C,涡旋对开始释放,发生相变。

两个自旋之间的长程关联用关联函数来描述,在热动力学极限情况下,其随温度有下列关系

$$G(r) \sim r^{-\eta(\beta)} \tag{2-58}$$

接近临界点时,关联长度 $\xi(t)$、比热以及磁化率分别存在下列标度行为

$$\xi(t) \sim e^{bt^{-\nu}}, C_V(t) \sim \xi^{-2}, \chi(t) \sim \xi^{2-\eta_C} \tag{2-59}$$

其中 $t = T/T_C - 1, b$ 为常数。

除了平面转子模型或 XY 模型,这种 BKT 类型的相变还在其他一些系统中存在,如具有长程作用的模型、反铁磁模型等[44-48]。重整化群理论计算表明,在相变点临界指数 $\nu = 1/2, \eta_C = 1/4$。对于相变温度的估算,多年来,不同的方法和技巧得到越来越精确的结果,通常认为,相变温度 $T_C = 0.894$[49-52]。

对于方程(2-44),一个稳态的涡旋解为

$$\theta_i(x_i, y_i) = \pm \arctan(\frac{y_i - y_0}{x_i - x_0}) \tag{2-60}$$

其中加号"+"代表正涡旋,减号"−"代表反涡旋,x_i、y_i 代表第 i 个格点上自旋的坐标。图 2-7 给出了正涡旋和反涡旋的示意图。在蒙特卡罗模拟中,涡旋密度的计算是在一个封闭的单位晶格上进行的,在某一方向上沿着闭合路径计算自旋角的改变来得出。如果是个单涡旋,那么闭合路径上所有自旋的角度差求和应该为 2π 的整数倍。例如在一个四方模块上,四个角分别为四个自旋所占有,那么网格涡旋的计算可以表示为[53]

$$q = \frac{1}{2\pi} \sum \Delta\theta \tag{2-61}$$

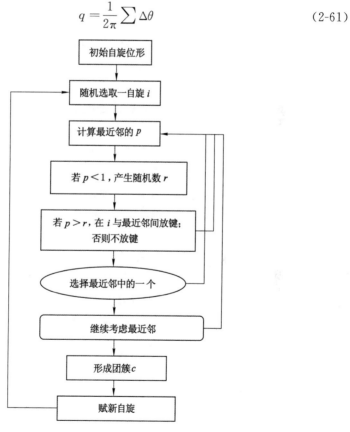

图 2-7　涡旋和反涡旋示意图

(左边为正涡旋,右边为反涡旋)

其中 $-\pi/2 < \Delta\theta < \pi/2$。整数 q 的值可能为正或者为负,分别表示涡旋和反涡

旋,涡旋密度的表达式为

$$\rho_v = \frac{\sum_i |q|}{N} \tag{2-62}$$

在未达到相变点时,涡旋密度一直为零,只有在相变点涡旋-反涡旋对释放时涡旋密度才出现正值。在略高于相变点的高温区域,涡旋密度随温度呈指数性变化 $\rho_v \sim e^{-2\mu/T}$,其中指数 μ 的估算值为 $5.1^{[54-55]}$。

自旋系统中,各向异性作用对系统物性的影响成为人们探索的一个方向,其中,许多材料中常见的一种各向异性作用就是 Dzyaloshinsky-Moriya(DM)作用。DM 作用最早由 Dzyaloshinsky 在研究一些反铁磁材料如 α-Fe_2O_3、$MnCO_3$ 和 $CoCO_3$ 的弱铁磁时,从这些材料的对称性上考虑而提出来的一种可能耦合作用。他认为这些材料的铁磁性是由自旋-轨道耦合和磁偶极矩相互作用产生的,并且指出这种作用依赖于晶体的对称性[56]。Moriya 发展了 Anderson 的超交换相互作用理论[57],考虑到自旋轨道耦合效应,提出了一种新的超交换相互作用微观机制[58-59],认为这些材料中铁磁性是由于存在下列一种形式的作用

$$\boldsymbol{D} \cdot (\boldsymbol{S}_i \times \boldsymbol{S}_j) \tag{2-63}$$

以单电子波函数为基,他推导出了自旋轨道耦合作用下的哈密顿量表达式,利用二阶微扰理论,最终得到哈密顿量的三个贡献项:超交换项、DM 作用项和对称的各向异性作用项(赝耦合作用)。他还解释了晶格的对称性对于 DM 作用的重要性,即当晶体的对称性很高时,这种耦合就消失,而当晶体处于弱对称性时,这种耦合表现出很强的特性,成为自旋间的非常重要的各向异性耦合作用。Moriya 还估算了 DM 作用 D 和对称的赝耦合作用 Γ 相对于各向同性超交换能 J 的数量级分别为 $D \sim (\Delta g/g)J$,$\Gamma \sim (\Delta g/g)^2 J$。其中 g 是回磁比,Δg 是相对于自由电子的偏离。一般来说,DM 作用比赝耦合作用大得多,所以常常忽略 Γ 项。这种耦合仅在弱铁磁性中扮演重要角色,而且还决定着低对称性的反铁磁中的自旋排列。DM 作用使自旋发生静态扭曲,结果使得在平衡态时,自旋不再是有序的反铁磁。Moriya 还从晶格对称的观点出发对 DM 作用项存在与否进行了分析,例如考虑两个离子 1 和 2 在晶格上的位置分别为 A 和 B,等分直线 AB 的点为 C,存在下面的规则:

(1)反演中心在点 C 处时,$\boldsymbol{D}=0$;

(2)当一个镜像平面垂直于 AB 通过点 C 处时,$\boldsymbol{D}$ 平行于镜面或者 $\boldsymbol{D}$ 垂直于 AB;

(3)当点 A、点 B 都在镜面中时,$\boldsymbol{D}$ 垂直于镜面;

(4)当双重转动轴垂直于 AB 并通过点 C 时,$\boldsymbol{D}$ 垂直于双重转动轴;

（5）当有 $n(n\geqslant2)$ 重轴沿着 AB 时，$\boldsymbol{D}$ 平行于 AB。

DM 作用被发现后，在理论和实验上都引起了人们的注意。Drumheller 等对二维自旋 $S=1/2$ 海森堡铁磁物质如 $(CH_3NH_3)_2CuCl_4$ 通过电子顺磁共振（EPR）法以及测量磁化率随温度的变化，来求得交换能常数 J 的值。EPR 线宽对温度的线性依赖表明，在计算 EPR 量时，DM 反对称交换作用必须包含在 EPR 线宽的二阶和四阶项内，通过展开磁化率高温级数并作拟合，他们求出了各向同性交换能 J 的值，并发现这一值大约是 D 值的 20 倍，并说明了 D 对磁化率起主要贡献[60-61]。在观察 DM 作用下的反铁磁物质时，除非加上平行于 $\boldsymbol{D}$ 的磁场，否则由于 DM 作用，顺磁相就会被破坏。如果磁场跟 $\boldsymbol{D}$ 不平行，在试验中会观察到磁化率有一个拐点，这个拐点称为准顺磁相变点[62-64]。Liu 用威尔逊（Wilson）理论研究包含单离子各向异性项和 DM 相互作用项的经典海森堡铁磁模型时发现了三种临界相，即铁磁相、螺旋相和交叉的铁相-螺旋相，其临界指数分别类似于 Ising（伊辛）、XY、Heisenberg（海森堡）临界行为，可见由于 DM 作用导致交换对称的破缺并没有改变相变的种类[65]。此外，人们还对含有 DM 作用项的海森堡模型的热性能做了比较全面的研究[66-69]。

Calvo 等发现可以通过旋转将带 DM 作用项的哈密顿转换成带单轴各向异性的哈密顿，并对交叉域进行了讨论[70-71]。一些非磁性杂质的自旋玻璃物质如 CuMn、AgMn 等传导电子带有很强的自旋轨道耦合，预示了各向异性的存在，DM 作用正好可以来解释这种各向异性[72-73]。人们已经用蒙特卡罗方法对经典的自旋玻璃系统中 DM 作用的影响做了模拟研究，并从数值上研究分析了随机的 DM 作用[74-77]。经典的单轴各向异性 DM 自旋玻璃模型研究表明，自旋玻璃序在低于临界温度下产生[78]。Yi 等研究了量子 DM 自旋玻璃[79-82]，Replica 等运用数值方法计算不带磁场和单轴各向异性的 DM 铁磁 XY 自旋玻璃。研究表明，在单轴各向异性下，自旋玻璃相被分成两部分：纵向自旋玻璃相和自旋玻璃相。对三维 DM 自旋玻璃加上磁场后，发现熵总是正的，并且量子涨落对比热有很强的影响效应，不同磁场下自旋玻璃的比热存在着一种交叉行为，这正好与试验相符。近几年来，数值研究和实验均显示 DM 作用的影响在反铁磁材料磁有序情况下发挥有效的作用[83-85]。

此外，在一些磁性合金材料和稀土材料中也发现了 DM 作用的存在，并发现该作用能引起螺旋磁有序的产生。对 MnSi 晶体的理论和实验研究结果表明，DM 作用是其铁磁螺旋序的来源，而且还引发了铁磁相中磁涨落现象出现[86-88]。在 FeCoSi 的合金中，由于晶体结构的非对称性，DM 作用引起了螺旋有序，并且，通过洛伦兹电镜观测，直接发现了晶体中的螺旋有序排列[89-91]。在一些反铁磁材料如 $RbMnBr_3$、$CsCuCl_3$、VCl_2、VBr_2 等和稀土材料如 Ho、Dy、

Tb 中也发现了 DM 作用引起的螺旋有序[92-104]，通过中子以及 X 射线散射方法对这些材料的临界指数进行了测量，测量结果显示，有的临界指数趋向于伊辛类型，有的趋向于 XY 类型，而即便同为稀土材料，其临界指数也不相同，因此，这就存在着很大的争论，有 DM 作用导致的螺旋相到底属于哪种类型的相变？接下来，我们将利用蒙特卡罗技术给出一个合理的答案。

蒙特卡罗方法在研究磁性系统的热动力学性质方面具有无可比拟的优势，其模拟结果可以直接为实验提供参考。探究低维磁性材料中的螺旋磁序和有限尺寸效应对热导、相变和临界指数的影响，寻找各向异性作用下磁有序的普适规律，对于揭示低维磁材料的相变机制以及解释材料的磁结构机理具有重要的意义。此外，磁性材料中杂质的存在对材料的热动力学性质以及输运性质产生很大的影响，从而影响材料的相变特征，因此，探寻不同杂质对材料物理性质影响的模拟研究具有实际的应用意义，如对半导体纳米线磁掺杂的研究可望发现自旋电子学的新器件。

第 3 章

平面转子模型及其在三角网格上的 BKT 相变

涡旋-反涡旋对的释放引起的 BKT 相变在二维铁磁自旋模型中普遍存在，如在平面转子模型、XY 模型和易平面的海森堡模型中均存在。近年来，对于这些模型中存在稀释磁性的研究引起了人们的兴趣[105-109]。研究发现，BKT 相变随着稀释密度 ρ（非磁性的空穴占有的密度）的升高而降低。然而，Leonel 等应用 Metropolis 蒙特卡罗算法对平面转子模型在四方网格上的模拟结果显示，相变温度在磁占有密度 $\rho_{mag} = 1 - \rho$ 高于点渗流阈值 $p_c \approx 0.59$ 时，相变温度降为零[105]。这一现象也在约瑟夫森结（Josephson junction）的稀释情况中被发现[110]。这些结果是非常有意义的，因为这里面暗含了一种机制，即非纯离子占有网格的无序对称导致了磁性系统处在高温无序相。而另一方面，Wysin 等发现相变温度在 $\rho_{mag} \approx 0.59$，即没有渗流团簇出现的点渗流阈值位置，降为零[107]。在蒙特卡罗模拟中，由于磁系统中空穴的存在导致的无序会引起涨落现象的出现，尤其是在渗流阈值附近，涨落更加明显。这就使得我们有必要寻求更加有效的算法，如采用包含团簇和超弛豫局域算法在内的组合算法，来降低涨落现象的出现以减少误差，增加计算精度。这似乎跟我们的直觉考虑不相一致，因为我们往往认为在渗流阈值附近的晶格自旋间所存在的更弱关联性会使得计算更加容易。事实并非如此，接近渗流阈值的时候，晶格自旋间的关联性越来越弱，然而关联长度仍然是发散的，这就使得蒙特卡罗模拟中在相变点附近所经常面临的一些问题如临界慢化现象等依然存在，并不会使模拟变得更加容易，相反，还增加了模拟的难度。先前的工作主要集中在四方平面晶格上,平面转子模型在三角晶格上也同样存在着 BKT 相变,而三角晶格不同于四方晶格的点渗流阈值,其点渗流阈值为 $p_c = 0.5^{[111]}$。在三角晶格上,对于非稀释平面转子系统的团簇蒙特卡罗模拟结果显示出渗流温度(其定义为大晶格系统中跨越团簇开始出现时所对应的温度)和 BKT 相变温度相等[112]。相对于四方晶格,三角晶格中自旋间的关联性更加复杂,计算难度更大,因此就需要一套更加有效的算法进行模拟计算,此外许多材料的晶体结构是三角形排列的,为了与四方晶格上的结果做比较,研究稀释平面转子模型在三角晶格上的 BKT 相变是非常有意义的。本章我们主要面临的问题是解决 BKT 相变温度是否消失在磁占有密度等于点渗流阈值还是消失在磁占有密度高于点渗流阈值这一疑问。为此,我们应用了一种包含单自旋更新、超弛豫局域更新和团簇更新相结合的有效的组合蒙特卡罗算法。由于 Metropolis 单自旋算法在接近点渗流阈值以及低温时效果不佳,会出现明显的涨落现象,因此在模拟中采用组合算法就显得非常有必要了。

3.1　平面转子模型及模拟方法

稀释情况下的平面转子模型的哈密顿量可以写为[105,106,108]:

$$H = -J \sum_{<i,j>} \sigma_i \sigma_j (S_i^x S_j^x + S_i^y S_j^y) = -J \sum_{<i,j>} \sigma_i \sigma_j \cos(\theta_i - \theta_j) \qquad (3\text{-}1)$$

$J > 0$ 代表自旋自旋之间是铁磁耦合作用,θ_i 是两自旋分量 $\boldsymbol{S}_i = (S_i^x, S_i^y) = (\cos\theta_i, \sin\theta_i)$ 的角度,$<i,j>$ 表示最近邻作用。σ 取值依赖于晶格点是否被占有,若被自旋占有,则取 $\sigma = 1$,否则 $\sigma = 0$。

首先介绍一下本章中所用到的算法。包含有 Metropolis 更新和超弛豫更新以及 Wolff 单团簇更新的组合团簇算法在许多模拟计算中被证明是非常有效的算法。因此,可以将此组合算法应用到三角晶格中稀释磁子的研究中。在 Metropolis 单自旋更新过程中,首先从所有的自旋中随机选取一个自旋,新的备选自旋是通过沿某一随机方向在原来自旋基础上添加很小的增量并被重整化为单位长度后获取的,计算前后自旋的能量差,然后经过一个标准的 Metropolis 过程来判断该自旋是否被接受。超弛豫算法是一种非随机性算法,它首先按照最近邻自旋的有效势 $\boldsymbol{B}_j = J \sum_j \sigma_j (S_j^x + S_j^y)$ 进行翻转的,即

$$\boldsymbol{S}_i \rightarrow 2 \frac{\boldsymbol{S}_i \cdot \boldsymbol{B}_j}{\parallel \boldsymbol{B}_j \parallel^2} \boldsymbol{B}_j - \boldsymbol{S}_i \qquad (3\text{-}2)$$

这样翻转前后整体的能量并没有变化,因此会满足细致平衡条件。由于该

算法没有涉及随机性,因此需要和其他随机算法来配合使用以获取随机性。Wolff 算法与在非稀释系统中的应用类似,只不过差别在于需要将在空穴上的自旋大小设为零。在实际的编程中,首先在 XY 平面内任意方向上构造一个键,然后将选择的自旋映射到这个键上,超弛豫算法和 Wolff 算法相对于单自旋 Metropolis 算法可以更加有效地降低自旋关联性和最大限度地避免临界慢化现象,尤其在低温自旋被冻结和在比热、磁化率等热力学参量的峰值处,该算法的优势显得更加突出。

首先从一个初始的自旋图出发,按照概率 $1-\rho$ 随机地从中选取一个格点,如果该格点上自旋为零,则重新随机选择格点直到找到一个非零格点为止,继续进行下面的抽样判断过程,并采用周期性边界条件,系统大小取为 $N=L\times L$,其中晶格长度在模拟中取为 $L=20,30,40,60$ 和 80。这样的话,被自旋占有的自旋数为 $N_{op}=N(1-\rho)$。在整个模拟过程中,一个组合蒙特卡罗步包含 1 次的单自旋更新,紧接着 4 次超弛豫更新以保持能量守恒,接着是 1 次 Wolff 更新。每一温度下,平衡步数为 1×10^4,取样步数为 4×10^5 以得到热平均。为避免关联性,每隔 2~6 步蒙特卡罗步取一次数据。本书应用三种不同的方法来得到相变温度 T_c。

蒙特卡罗模拟过程中,还观测了一些热动力学量。对于足够大的系统和小的稀释密度情况下,在不同位形下所得的结果在统计平均上差别不大,所以并没有在 $\rho\leqslant0.3$ 时不同位形上取平均。空穴的存在有扩大有限尺寸效应的倾向,但对于大系统而言,由非纯无序自旋导致的涨落可以忽略,尤其是随着系统的增大,没有必要做大量的统计平均。因此,把主要计算工作放在大系统网格上,涨落(误差)随着系统的增大而降低。

模拟过程中,同时计算了下列物理学量:

磁化强度:
$$\boldsymbol{M}=(M_x,M_y)=\sum_i \sigma_i \boldsymbol{S}_i \tag{3-3}$$

磁化率:
$$\chi=[<(M)^2>-<M>^2]/N_{op}k_BT \tag{3-4}$$

磁化率分量:
$$\chi^a=[<M_a^2>-<M_a>^2]/N_{op}k_BT \tag{3-5}$$

平面磁化率:
$$\chi'=(\chi^x+\chi^y)/2 \tag{3-6}$$

Binder 四阶累积量:
$$U_L=1-\frac{<M^4>}{3<M^2>^2} \tag{3-7}$$

其中 k_B 为玻尔兹曼常数。对于任何大小的网格,Binder 累积量都存在着渐近行为,即在 $T\ll T_c$ 时,$U_L\to2/3$,而在 $T\gg T_c$ 时,$U_L\to0$。在本书在所有的图形中,没有标明误差的图形表示统计误差比所标符号小,下文将不再赘述说明。

3.2　模拟结果及讨论

计算 Binder 四阶累积量 U_L 的目的是估算热力学极限下的相变温度 T_C 的位置。在相变温度点,U_L 被认为是近似不依赖于系统大小的,存在着幂率行为 $\left.\dfrac{U_L'}{U_L}\right|_{T=T_C}=1$,因此,$T_C$ 可以通过不同大小系统的 U_L 共同的交点来确定。例如,图 3-1 展示了在 $\rho=0.05$ 下,不同大小系统的 U_L。从交叉点可以估算出相变温度为 $T_C=1.328\pm0.003$。通常来讲,该种方法估算 T_C 被认为是比精确值略微偏高的,这是因为交叉点受到系统大小的影响,也就是说存在着有限尺寸效应。另外,也没有考虑有限尺寸标度的纠正项。随着系统尺寸的增加,T_C 的估算将更加准确。但是,需要更多的计算时间,这就增加了计算工作量。由于统计的不确定性,在接近相变点时需要计算多次,以便取统计平均,尤其是对于那些存在非磁性杂质的系统,取统计平均尤为重要。

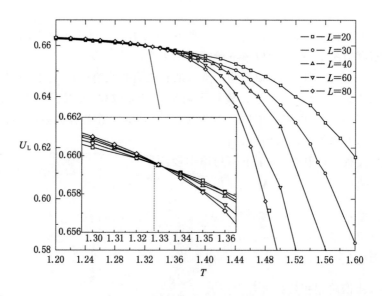

图 3-1　在 $\rho=0.05$ 下,应用 Binder 四阶累积量方法估计相变温度

许多参考文献中还应用另外一种非常有效的计算方法来计算相变温度 T_C[107,108,113-114]。这种方法源于内平面磁化率 χ' 的有限尺度标度关系。在相变点附近,磁化率随系统的大小具有幂率形式的标度关系:$\chi'(\chi)\propto L^{2-\eta}$。该关系

式即便是存在磁性空穴情况下仍然成立。在发生出现 BKT 相变点的情况时，如平面转子模型和 XY 模型中，临界指数 η 的理论预测值为 1/4。因此，可以利用 $\eta=1/4$，画出不同系统大小下 $\chi'/L^{7/4}$ 随时间 T 变化的曲线，这些曲线都有一个共同的交叉点，交叉点处所对应的温度即相变温度。这种方法来确定相变温度是非常高效而精确的，例如，在四方网格中，平面转子模型的 BKT 相变温度的计算结果为 $T_C=0.891\pm0.001$，这与精确结果值 0.894 非常接近，但略微偏低些，其原因是因为我们利用了临界指数 η 的理论值 1/4，而在实际的模拟中，相变点处的 η 值比理论值略微偏小。

图 3-2 给出了 $\rho=0.05$ 时磁化率有限尺寸标度计算相变温度的结果：$T_C=1.316\pm0.003$，计算结果比用 Binder 累积量所得结果低。在实际的计算中，统计误差随着空穴密度的增加而增大的，这就需要运行更多的蒙特卡罗步来改进误差，这在空穴密度接近点渗流阈值 $p_c=0.5$ 的时候显得尤为重要。图 3-3 画出了 $\rho=0.45$ 时，有限尺寸标度关系确定相变温度的情况。这一结果是通过 6 次测量后取统计平均得出的，很显然，由于低温时的自旋被"冻结"，蒙特卡罗抽样时通过的概率较低，从而导致低温下的效率降低，产生了大的误差。尤其是对小尺寸的网格，有限尺寸效应表现得更加明显，产生的误差比较大。此外，我们还基于最大网格尺寸的螺旋模量的计算来获得高稀释密度下的相变温度。

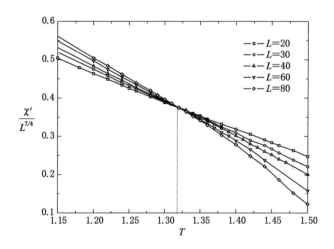

图 3-2　在 $\rho=0.05$ 下，应用内平面磁化率的有限尺寸标度关系计算相变温度

另外一个有效确定相变温度的方法是计算系统的螺旋模 $\Upsilon^{[114-116]}$。自旋系统是通过测量沿着系统某一坐标方向的扭角和周期性边界条件下自由能差正比

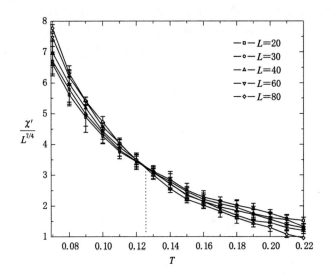

图 3-3　$\rho=0.45$ 时，应用内磁化率的有限尺寸标度所得的相变温度

于螺旋模来定义的[117]，即

$$F(\omega)-F(0)=2\omega^2\Upsilon(\beta) \tag{3-8}$$

其中，ω 为沿着 x 轴的扭角，$\beta=(k_BT)^{-1}$。

蒙特卡罗模拟中，在任何情况下，反周期性边界条件下的内能 $<U_a>$ 和周期性边界条件下的内能 $<U_p>$ 之差给出了螺旋模的导数：

$$\frac{1}{2}\frac{\mathrm{d}}{\mathrm{d}\beta}[\beta\Upsilon(\beta)]=\frac{<U_a>-<U_p>}{\pi^2} \tag{3-9}$$

给定一个哈密顿量 H，螺旋模的一般表达式可以表示为

$$\Upsilon=\frac{<\partial^2 H/\partial\Delta^2>}{N}-\beta\frac{<(\frac{\partial H}{\partial\Delta})^2>-<\frac{\partial H}{\partial\Delta}>^2}{N} \tag{3-10}$$

其中 $N=L\times L$。对应于由方程(3-1)确定的稀释平面转子模型而言，两种边界条件可定义为：

周期性边界条件：$\theta(r+L\hat{e}_1)=\theta(r)$，$\theta(r+L\hat{e}_2)=\theta(r)$

反周期性边界条件：$\theta(r+L\hat{e}_1)=\theta(r)-L\Delta$，$\theta(r+L\hat{e}_2)=\theta(r)$

其中 $\hat{e}_1$、$\hat{e}_2$ 是两个基矢，反周期边界条件与周期性边界条件最大的区别就是所取边界自旋上的最近邻自旋旋转了 180°，例如伊辛模型，自旋朝上变为自旋朝下。螺旋模可由下面方程给出[118]：

$$\Upsilon=\lim_{x\to 0}\left(\frac{2\rho}{\Delta^2 N_{op}}(F_a-F_p)\right) \tag{3-11}$$

其中 ρ 为自旋密度,其定义为单位面积网格上的自旋数,如对于三角网格,$\rho =$ $2/\sqrt{3}$;对于四方网格,$\rho = 1$。F_a 为反周期性边界条件下的自由能,F_b 为周期性边界条件下的自由能,根据系统的哈密顿方程(3-1),其表达式分别定义为

$$F_a = -k_B T \ln\{Tr^{(a)}_{\{\theta\}}[\exp[-\beta J \sum_{<i,j>} \sigma_i \sigma_j \cos(\theta_i - \theta_j)]]\} \qquad (3-12)$$

$$F_b = -k_B T \ln\{Tr^{(b)}_{\{\theta\}}[\exp[-\beta J \sum_{<i,j>} \sigma_i \sigma_j \cos(\theta_i - \theta_j)]]\} \qquad (3-13)$$

其中,$Tr^{(a)}_{\{\theta\}}$、$Tr^{(b)}_{\{\theta\}}$ 表示在所有可能自旋模块上的求和。引入一个小的扭角 Δ,我们定义 $\theta'(\boldsymbol{r}) = \theta(\boldsymbol{r}) + \hat{\boldsymbol{e}}_1 \cdot \boldsymbol{r}\Delta$,反周期边界条件变为 $\theta'(\boldsymbol{r} + L\hat{\boldsymbol{e}}_1) = \theta'(\boldsymbol{r})$,$\theta'(\boldsymbol{r} + L\hat{\boldsymbol{e}}_2) = \theta'(\boldsymbol{r})$,则 F_b 可改写为

$$F_b = -k_B T \ln\{Tr^{(a)}_{\{\theta\}}[\exp[-\beta J \sum_{<i,j>} \sigma_i \sigma_j \cos(\theta'_i - \theta'_j + (\hat{\boldsymbol{e}}_{ij} \cdot \hat{\boldsymbol{e}}_1)\Delta)]]\}$$

$$(3-14)$$

其中 $\hat{\boldsymbol{e}}_{ij}$ 是由点 j 指向点 i 的单位矢量,代表所取键的方向。将式(3-12)和式(3-14)代入式(3-11)可得

$$\Upsilon = \frac{\rho}{N_{op}} \frac{\partial^2}{\partial \Delta^2}\bigg|_{\Delta=0} [-k_B T \ln(Tr^{(a)}_{\{\theta\}} e^{-\beta H(\{\theta\},\Delta)})] \qquad (3-15)$$

其中 $H(\{\theta\},\Delta) = J \sum_{<i,j>} \sigma_i \sigma_j \cos[\theta_i - \theta_j + (\hat{\boldsymbol{e}}_{ij} \cdot \hat{\boldsymbol{e}}_1)\Delta]$,进一步求导可得

$$\Upsilon = -k_B T \frac{\rho}{N_{op}}\left(\left(\frac{1}{k_B T}\right)^2\left\langle\left(\frac{\partial H}{\partial \Delta}\right)^2_{\Delta=0}\right\rangle - \frac{1}{k_B T}\left\langle\left(\frac{\partial^2 H}{\partial \Delta^2}\right)_{\Delta=0}\right\rangle - \left(\frac{1}{k_B T}\right)^2\left\langle\left(\frac{\partial H}{\partial \Delta}\right)_{\Delta=0}\right\rangle^2\right)$$

$$(3-16)$$

其中热平均 $<O>$ 表示为

$$<O> = \frac{Tr^{(a)}_{\{\theta\}}\left(O\exp\left(\beta J \sum_{<ij>} \sigma_i \sigma_j \cos(\theta_i - \theta_j)\right)\right)}{Tr^{(a)}_{\{\theta\}}\left(\exp\left(\beta J \sum_{<ij>} \sigma_i \sigma_j \cos(\theta_i - \theta_j)\right)\right)}$$

进一步可以得到螺旋模的最终表达式

$$\Upsilon(T) = -\frac{<H>}{\sqrt{3}} - \frac{2J^2}{\sqrt{3}k_B T N_{op}^2}<[\sum_{\langle i,j\rangle}(\hat{\boldsymbol{e}}_{ij} \cdot \hat{\boldsymbol{e}}_1)\sigma_i \sigma_j \sin(\theta_i - \theta_j)]^2>$$

$$(3-17)$$

其中 $\hat{\boldsymbol{e}}_1$ 是沿 x 轴正向的基矢。

重整化群理论结果得到螺旋模和相变温度 T_C 之间有着统一的联系,那就是可以通过得到随温度变化的螺旋模 $\Upsilon(T)$ 和直线 $\Upsilon = 2k_B T/\pi$ 之间的交叉点来估算相变温度。随着系统尺度的增大,交叉点更加接近相变温度。因此,在有限系统尺寸下,此种方法所估算的相变温度比实际相变温度略微偏高。在发生

BKT 相变时,螺旋模具有一个非常明显的特征,那就是随着系统尺寸的增大,$\Upsilon(T)$ 曲线在接近临界点附近变得更加陡峭,并且随着温度升高而快速趋于零。例如,图 3-4 给出了在 $\rho=0.05$ 情况下所得到的计算结果。很明显,大尺寸系统下的螺旋模曲线更加陡峭。

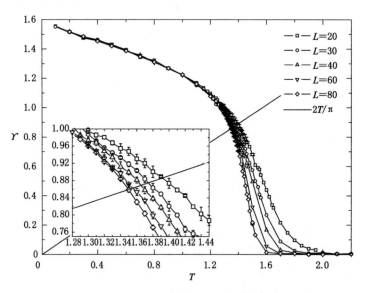

图 3-4　$\rho=0.05$ 时,不同网格尺寸的螺旋模量随温度的变化
(插图展示了相变点附近的放大情况)

由最大的网格尺寸 $L=80$,可以得到了相变温度 $T_{\mathrm{c}}=1.349\pm0.002$,这一结果相比由内平面磁化率得到的结果偏高一些。图 3-5 展示了最大网格 $L=80$ 时不同空穴密度下的螺旋模,从图中可以看出,由于低温下的临界慢化的存在,在稀释密度接近渗流阈值点的时候,统计误差变得非常明显。相变温度在渗流阈值附近几乎消失,如图 3-5(b)所示。

图 3-6 给出了不同稀释密度下几种不同方法所得到的相变温度的最终结果。从中我们可以看到,相变温度 T_{c} 与磁占有密度 ρ_{mag}(或稀释密度 ρ)呈线性关系并且随着 ρ 的增大而降低。线性拟合螺旋模量所得结果显示,这种线性关系具有如下形式

$$T_{\mathrm{c}} \propto \frac{\rho_{\mathrm{mag}} - p_{\mathrm{c}}}{1 - p_{\mathrm{c}}} \qquad (3\text{-}18)$$

但是由于渗流涨落,在磁占有密度接近点渗流阈值时模拟计算起来就比较困难了,因此,我们没有考虑 ρ_{mag} 接近于 p_{c} 时的偏差。显然,当磁占有密度

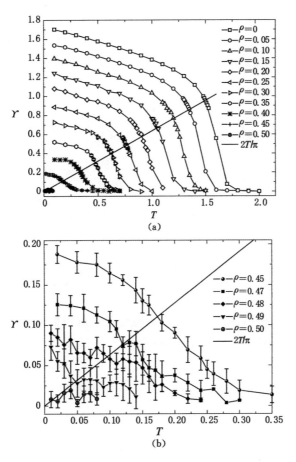

图 3-5　网格大小 $L=80$ 时不同稀释密度的螺旋模随温度的变化曲线

[其中(b)显示了在稀释密度接近渗流阈值附近的整个趋势]

$\rho_{mag}=p_c$ 时，相变温度为零。通过线性拟合由螺旋模所得的相变温度 T_C，可以发现 BKT 相变温度在 $\rho=0.498\pm0.003$ 时趋于零，这跟渗流阈值点 $p_c=0.5$ 非常接近，与拟合结果方程(3-18)相一致。由此可以证明，BKT 相变温度在磁占有密度 ρ_{mag} 达到三角网格点渗流阈值时消失，这一结果跟该模型在四方网格上的预测结果是一致的。对于此现象，我们可以给出合理的解释，考虑到关联长度不会发散，由于在点渗流阈值下没有渗流团簇跨越整个网格，因此也就没有 BKT 相变发生。另一方面，只要点渗流团簇存在，BKT 相变就会出现，但是会出现在较低的温度，这是由稀释自旋之间的有效耦合作用导致的结果。

　　此外，为了进一步证实这套算法的有效性以及三种计算相变温度的方法的

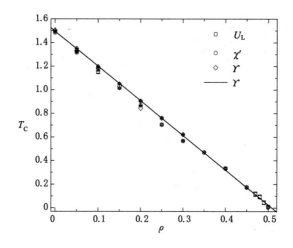

图 3-6　不同稀释密度下三种方法所得的相变温度
（直线是对由螺旋模所得结果的线性拟合）

精确性，作为对比，模拟计算了平面转子模型在三角网格上的相变温度，通过内平面磁化率、螺旋模和 Binder 四阶累积量方法所得的结果分别为 1.486 ± 0.002、1.498 ± 0.003 和 1.503 ± 0.002，这些结果跟用高温级数展开方法所得到的结果非常相近[119-121]。由此可见，本书中所采用的方法是非常准确的。

3.3　本章小结

本章中，运用一套组合蒙特卡罗模拟算法，通过三种方法，分别得到了稀释平面转子模型在三角网格上的 BKT 相变温度。主要的结论总结如下：

（1）首次将组合蒙特卡罗算法运用到稀释平面转子的研究中，有效地避免了单自旋算法在低温时的缺点，证明了组合算法在研究相变问题方面的优越性。结果发现稀释磁子的存在降低了自旋之间的关联性，对有限尺寸效应产生很大的影响，如在高稀释密度下，小尺寸系统统计误差相比于大尺寸系统更加明显。

（2）介绍推导了稀释情况下的螺旋模量的表达式。利用三种不同方法即 Binder 累积量、磁化率有限尺寸标度及螺旋模量方法，分别计算了不同稀释密度下的相变温度，阐述了三种方法的优势。计算结果显示相变温度随稀释密度的增大而降低，并且仅当磁占有密度达到点渗流阈值时相变温度消失。与此同时，模拟结果显示了相变温度和磁占有密度之间的线性关系，即 $T_c \propto \dfrac{\rho_{mag} - p_c}{1 - p_c}$。从而推翻了 Leonel 等用单自旋算法所得到的结论，即相变温度在稀释密度高于点渗流阈值时消失。从渗流理论出发，给出了模拟结果的合理解释，即相变的消失是由于在点渗流阈值以下没有跨越团簇形成，因此也就没有 BKT 相变的发生。此模拟结果也许会为在约瑟夫森结里进一步的实验验证提供一定的参考。

第 4 章

广义 XY 模型的蒙特卡罗模拟研究

在过去的几十年内,对二维 XY 模型和平面转子模型的研究吸引着人们极大的关注。众所周知,在这些模型中存在着由涡旋-反涡旋对的释放引起的所谓的 BKT 相变现象[114,122-123]。2022 年,Romano 和 Zagrebnov 提出了一种广义的 XY 模型,其哈密顿量的定义如下[124]

$$H_{xy}^G = -J \sum_{\langle i,j \rangle} (\sin \theta_i \sin \theta_j)^q \cos(\varphi_i - \varphi_j) \tag{4-1}$$

其中自旋矢量包含三自旋分量,即 $\boldsymbol{S}_i = (S_i^x, S_i^y, S_i^z) = (\sin \theta_i \cos \varphi_i, \sin \theta_i \sin \varphi_i, \cos \theta_i)$,$q$ 取整数,是广义参数。此模型提出后,许多学者对它进行了研究,发现当 q 取到某些比较大的值的时候,该系统会产生一阶相变。Romano 和 Zagrebnov 首次用平均场理论和两点团簇方法对该模型进行研究,发现在三维情况下会发生有限温度下的 BKT 相变[124]。紧接着,不同的技术,如自洽谐波近似方法和蒙特卡罗模拟被用来研究 $q > 1$ 时的相变,结果发现随着 q 的增大,BKT 相变温度反而降低,人们认为该模型和通常的 XY 模型应该归属于同一类别[113,125-127]。一旦发生了 BKT 相变,涡旋密度就会随着温度的升高而快速增加。分析和数值计算结果显示涡旋被非磁性的杂质所吸引和牵制[53,108,128,129-130]。当自旋空穴存在时,蒙特卡罗模拟结果显示系统具有更高的涡旋密度。临界温度随着稀释密度(非磁性杂质密度)ρ 的增加而降低,并且在磁占有密度 $\rho_{mag} = 1 - \rho$ 达到点渗流阈值时消失[106,108]。可见,稀释自旋的存在对临界温度的影响是显而易见的。广义的 XY 模型是否也具有这些性质,到目前为止还没有研究过。因此,研究空穴导致的临界温度降低现象是否发生在稀释的广义 XY 模型中是非常有意义的。而且,三角晶格上的广义 XY 模型的相变问题还没有研究过，由于空穴的存在，三角晶格相比于四方晶格自旋间的关联性更加复杂，增大了计算的难度，单自旋的 Metropolis（米特罗波利斯）算法用来研究这种渗流情况显得力不从心。本章我们将介绍一套组合的算法，并模拟计算二维广义的 XY 模型在三角晶格上的相变问题。

4.1　广义 XY 模型和模拟方法简介

稀释情况下，二维广义 XY 模型的哈密顿量可以表示为

$$H_{xy}^{G} = -J \sum_{\langle i,j \rangle} \sigma_i \sigma_j (\sin \theta_i \sin \theta_j)^q \cos(\varphi_i - \varphi_j) \tag{4-2}$$

其中 σ_i 在格点被自旋占有时取 1，空穴时取 0。值得注意的是，如果 $q=1$，方程（4-2）就演化为标准的三自旋分量的 XY 模型。

为了有效降低临界慢化现象的发生，一些团簇算法如 Swednsen-Wang、Wolff 算法等被用到计算机模拟中，收到了很好的效果。本章我们将介绍一套组合算法，包含 Wolff 团簇算法和 Metropolis 单自旋算法。这种组合算法在研究平面转子模型和 XY 模型的相变问题时被证明是非常有效和高速的[113]，它可以非常有效地避免临界慢化现象。因为在低温时自旋被凝滞而单自旋算法失效，此时 Wolff 团簇算法就显得非常有用了。由于标准的 Metropolis 算法在前文已经介绍，本章不做赘述。我们简单地介绍下团簇算法在本模型中的应用过程。一个 Wolff 过程首先从随机选择的一个初始点出发，产生一个随机的轴方向，通过沿着该轴的一个映射操作将该自旋反转，值得注意的是，这一过程只调整 XY 平面内的自旋分量，不包含 S_i^z 分量，然后再将反转后的平面自旋分量和 S_i^z 分量重新归一化，只不过是在出现空穴点时，自旋值设为零，其他的判断过程同标准的 Wolff 过程相同。

将该种组合算法应用到方程（4-2）所定义的模型中，如上一章所述，三角晶格的点渗流阈值为 0.5。一个蒙特卡罗步包含一个 Metropolis 更新过程和一个调整平面分量的 Wolff 更新过程。初始的自旋位形是以概率 $1-\rho$ 随机的占有格点构造而成，为了避免上下温度的关联性，体现掺杂的随机性，对应每一个温度值，重新构造一个初始自旋位形，而不是利用开始构造好的同一个初始位形或者利用上一温度计算所得的位形作为下一温度的初始位形。$q=1$ 时，在组合算法中可以添加超弛豫局域算法。每一个超弛豫更新过程中，自旋都是通过其近邻的有效势来反转的，即 $\boldsymbol{B}_j = J \sum_j \sigma_j (\boldsymbol{S}_j^x + \boldsymbol{S}_j^y + \boldsymbol{S}_j^z)$。整个过

程保持能量的不变性,反转过程可以表示为 $S_i \to 2 \dfrac{S_i \cdot B_j}{\parallel B_j \parallel^2} B_j - S_i$。模拟过程中采用周期性边界条件,系统大小设为 $V = L \times L$,其中晶格长度 L 所取值为 20、30、40 和 80,XY 情况下取最大值 100。之所以取以 10 为单位的长度,是为了尽量避免在磁占有概率 ρ_{mag} 的情况下,自旋占有晶格点数由于四舍五入所产生的误差,因为整个磁占有格点数为 $V' = V\rho_{\text{mag}}$。模拟过程中,热平衡步数取为 1×10^4 蒙特卡罗步,3×10^5 步来获取热动力学量的平均。对于没有稀释的情况,热涨落非常小,因此可以不用多次采样进行统计平均。然而,对于稀释情况,由于稀释磁子的存在导致的涨落非常明显,并且,为了保持随机性,每次构造的初始位形都不同,这就增大了误差,尤其是对小尺寸系统而言。相对于足够大的系统,如取 $L = 1\,000$,此时的涨落就变得非常不明显了,但这又受到计算条件的限制。因此,在实际操作中,可以采取多次取样计算而取统计平均的方法。如同一晶格大小一般取 $4 \sim 6$ 次计算,然后将结果取统计平均。相对来说,这样取法可以比较好地解决计算条件的限制。

模拟过程中,计算了一些热动力学量,其中包含:

比热
$$C_V = [< E^2 > - < E >^2]/(Nk_BT^2) \tag{4-3}$$

磁化率和磁化率分量
$$\chi = [<(M)^2> - <M>^2]/Nk_BT \tag{4-4}$$
$$\chi^a = [<M_a^2> - <M_a>^2]/Nk_BT \tag{4-5}$$

磁化率的平面分量组成平面磁化率
$$\chi' = (\chi^x + \chi^y)/2 \tag{4-6}$$

其中 E 为能量,磁化强度表示为 $M = (M_x, M_y, M_z) = \sum_i \sigma_i S_i$。以此来定义 Binder 四阶累积量
$$U_{\text{L}} = 1 - \frac{< M^4 >}{3 < M^2 >^2} \tag{4-7}$$

同时,由哈密顿量方程(4-2)的表达式,可以推导出螺旋模量的表达式
$$\Upsilon(T) = -\frac{< H_{xy}^G >}{\sqrt{3}} - \frac{2J^2}{\sqrt{3}\,k_BTV'^2} <[\sum_{\langle i,j \rangle} (\hat{e}_{ij} \cdot \hat{x}\sigma_i\sigma_j(\sin\theta_i\sin\theta_j)^q\sin(\varphi_i - \varphi_j)]^2> \tag{4-8}$$

本章图形中未标明误差的表明误差小于符号,温度以交换耦合常数 J 为单位。

4.2　稀释 XY 模型的模拟结果及其讨论

首先,讨论 $q=1$ 时标准的 XY 模型的情况。利用高温级数展开方法和蒙特卡罗方法研究无掺杂情况下 XY 模型在三角晶格上的相变问题,目前有一些成果[131,132],然而由于受到当时计算条件和算法的限制,这些成果并没有给出很精确的结果。随着时代的发展,一些更加高效的算法和方法不断出现,本书中介绍的有效的组合算法可以获得更加精确的热动力学量和相变温度的数值。我们分别介绍应用三种有效方法来获得相变温度以便于相互比较,获得了较高精度的结果。图 4-1 给出了没有掺杂情况下的四阶累积量结果。由两个最大尺寸的交点我们得到相变温度为 1.142 ± 0.003。同时,利用平面磁化率的有限尺寸标度关系 $\chi'(\chi)\propto L^{2-\eta}$ 所得结果如图 4-2 所示,所得相变温度为 1.130 ± 0.002。此外,通过螺旋模量方法所得结果为 1.141 ± 0.002,其中所取最大系统尺寸为 $L=80$。可见,由三种方法所得的结果非常接近,并且与先前所得结果是可以比拟的[131,132]。图 4-3 显示出序参磁化率随温度的变化趋势,从中可以看出,曲线非常平滑,出现的误差比较小,峰值突显非常明显,可见无稀释情况下所取组合算法的有效性。下面,我们重点讨论稀释情况。

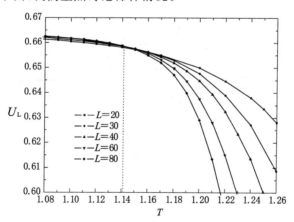

图 4-1　$\rho=0$、$q=1$ 时,不同晶格尺寸的四阶累积量结果

图 4-4 画出了在稀释密度 $\rho=0.05$ 时不同晶格尺寸下比热随温度变化的曲线。从图中可以看出,随着晶格尺寸的增大,比热峰值所处位置逐渐往低温处靠拢。在大系统下,不同系统的比热峰值处在同一温度上,如图中 $L=60$、80 和

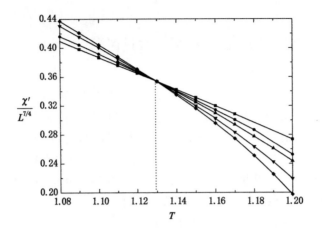

图 4-2　$\rho=0$、$q=1$ 时,不同晶格尺寸的磁化率有限尺寸标度所测相变温度结果
(符号如图 4-1)

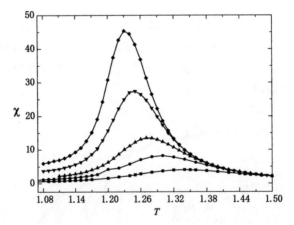

图 4-3　$\rho=0$、$q=1$ 时,不同晶格尺寸的磁化率随温度的变化
(符号如图 4-1)

$L=100$ 所示结果。大尺寸系统下,比热峰值不依赖于晶格尺寸而处在同一位置的现象是发生 BKT 相变的一个典型特征。正因为如此,比热最大值与 BKT 相变无关而使得相变温度不能通过比热来测量。然而,利用磁化率的数据,我们可以得到一些相变的有用信息。

图 4-5 画出了磁化率随温度的变化趋势,同样稀释密度取为 0.05。很明显,随着晶格尺寸的增大,磁化率峰值逐渐趋向于相变温度,系统尺寸越大,磁化率最大值位置越接近于相变温度点。由于有限尺寸效应的限制,计算过程中我们

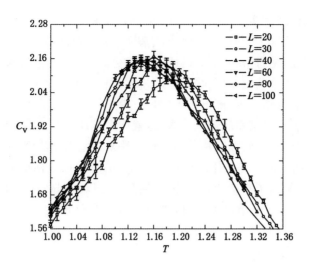

图 4-4　$\rho=0.05$ 时不同晶格尺寸比热随温度的变化情况

不可能取系统为无穷大,因此,可以借助于有限尺寸标度关系来确定相变温度。这里我们假定有限尺寸标度关系 $\chi \propto L^{2-\eta}$ 在稀释情况下依然成立。利用不同晶格尺寸的磁化率的最大值,可以求出磁化率临界指数 η 的值。例如,$\rho=0.05$ 时,拟合的结果为 $\eta=0.235\pm0.005$。这一结果非常接近于理论预测值 0.25,由此可以判断,稀释情况下,尺寸标度定律依然成立,产生的相变依然是 BKT 相变。

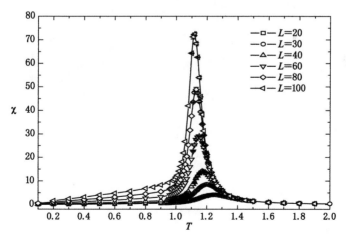

图 4-5　$\rho=0.05$ 时不同晶格尺寸磁化率随温度的变化情况

　　既然我们已经证实了相变的性质，接下来就有必要来计算相变温度。如前文所述，非稀释情况下，利用了三种方法来确定相变温度，在稀释情况下，由于杂质或空穴的存在，使得 Binder 累积量估算相变温度变得困难，因为序参数存在比较大的涨落，这给确定不同尺寸下 Binder 累积量的交点造成了困难，尤其是在稀释密度很高的情况下，涨落更加明显。为了尽量避免涨落，就需要多次计算取统计平均或者尽量把系统取的最大，这就增大了计算工作量。因此，在稀释情况下放弃了这种方法，转而利用其他几种方法来确定相变温度。

　　图 4-6 画出了 $\rho = 0.05$ 时利用平面磁化率的有限尺寸标度关系确定相变温度的结果，大图画出了整个变化趋势，从插图中可以得到估算的相变温度 T_c 为 1.014 ± 0.004。图 4-7 给出了不同系统尺寸下的螺旋模量结果。从所取最大晶格 $L = 100$，可以得到相变温度的估算值 $T_c = 1.030 \pm 0.002$，略高于平面磁化率方法的结果。

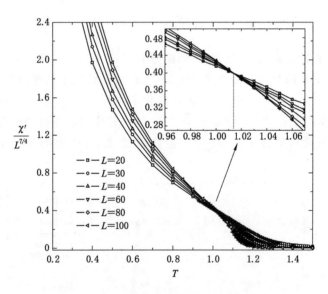

图 4-6　$\rho = 0.05$ 时不同晶格尺寸磁化率的
有限尺寸标度关系确定相变温度的整个趋势

　　此外，值得一提的是，还可以通过不同系统的伪相变温度 $T_c(L)$，即磁化率的最大值所对应的温度，来得到相变温度 T_c。伪相变温度和相变温度存在下列有限尺寸关系[35,118]

$$T_c(L) = T_c + \pi^2 / (4c(\ln L)^2) \qquad (4\text{-}9)$$

式中 c 为参数，由此我们可以通过直线拟合得到相变温度。例如，$\rho = 0.05$ 时，

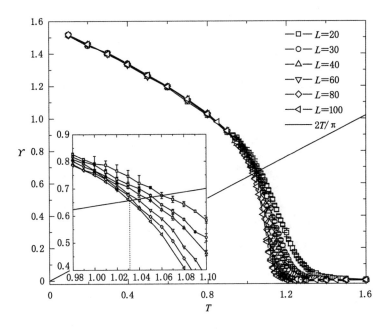

图 4-7 $\rho=0.05$ 时不同晶格尺寸下的螺旋模量随温度的变化

获得的相变温度 $T_c=1.023\pm0.004$,这一结果比螺旋模量所得到的结果低,而略高于磁化率有限尺寸标度方法所得数值。这一方法所得结果的计算精度较高,但是它的缺陷就是获得伪相变温度 $T_c(L)$ 比较困难,因为精确地确定峰值位置需要大量的模拟和细小的温度间隔,由此引起的计算量是非常大的。另外,还要考虑涨落现象,尤其是在稀释情况,峰值附近的涨落非常明显,这就给此种方法在稀释系统下的应用造成了困难。因此,实际的计算中,一般不会运用这种方法。

    由于稀释磁子的存在,涨落或误差对相对小的系统而言是非常显著的。小尺寸系统中,由于初始自旋分布是随机性的,自旋之间那些缺失的键的存在增大了有限尺寸效应,同时对热动力学量的影响比在大尺寸系统中的大得多,误差和涨落就变得明显,如前面各图所示。对于尺寸足够大的系统,由于无序杂质引起的涨落在低稀释密度条件下几乎体现不出来,对结果的影响微乎其微。因此,为了节约计算时间,一般在模拟中,没有对 $\rho\leqslant0.25$ 时的热动力学量进行统计平均。然而,随着稀释密度 ρ 的增加,统计误差非常明显。因此,$\rho>0.25$ 时的数据是通过对四次不同初始位形所得结果的统计平均得到的。图 4-8 给出了 $L=100$ 时不同稀释密度下的螺旋模量。由于低温下存在临界慢化现象,在 ρ 非常接近于没有跨越团簇形成的渗流阈值时统计误差非常明显。图中可以看出螺旋

模量在 $\rho=0.50$ 几乎消失,相变温度降为零。

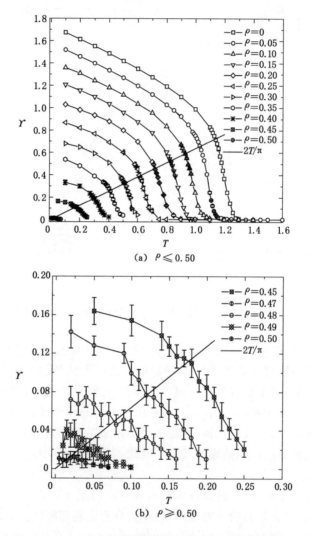

图 4-8 $L=100$ 时不同稀释密度下的螺旋模量随温度的
变化情况

图 4-9 给出了两种不同方法所得到的相变温度随稀释密度变化的最终结果。可以看出,相变温度随磁占有密度几乎呈线性关系,并且随着稀释密度的增加而降低。通过对稀释密度低于 $\rho=0.45$ 下的对螺旋模量和磁化率所测数据进行拟合,结果显示,相变温度分别在 $\rho=0.505$ 和 $\rho=0.492$ 时消失,即分别对应磁占有密度 $\rho_{mag}=0.495$ 和 $\rho_{mag}=0.508$。由此可见,BKT 相变在三角晶格的点

渗流阈值处消失。

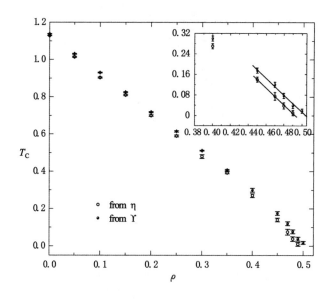

图 4-9　两种方法所得相变温度的最终结果

4.3　广义的 XY 模型的模拟结果及其讨论

对于 $q>1$ 的广义的 XY 模型,我们拟从两种情况进行讨论:无稀释的情况和稀释的情况。首先考虑无稀释时的结果。

4.3.1　无稀释情况

我们首先考虑不同参数 q 情况下的热动力学量随温度的变化情况。由于前面介绍的组合算法在无稀释情况下具有高效性,所以计算过程中产生的误差很小。为了定性地得到各种物理量随参数 q 变化的规律,模拟过程还计算了固定晶格尺寸 $L=20$、不同广义参数 q 下的热动力学量和螺旋模以及涡旋密度。

图 4-10 给出了单自旋能量随温度的变化曲线,我们可以发现,随着温度的增大,能量逐渐增大,在高温时趋近于零;$q=1$ 时,能量曲线相对比较平缓,但随着广义参数 q 的增大,能量曲线变得更加陡峭,并且同一温度下内能随参数的增大而增大,这一现象预示着高参数值时一阶相变的可能存在[113]。

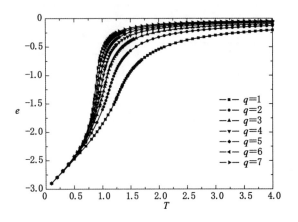

图 4-10 不同广义参数下，能量随温度的变化

图 4-11 给出了不同参数下比热随温度的变化趋势。从图中可以看出，随着 q 值的增大，比热峰值向低温方向挪移，比热最大值逐渐增大，尽管比热峰值对计算 BKT 相变温度没有多大贡献，但峰值的位置也暗示了临界温度随 q 值增大而减小的趋势。

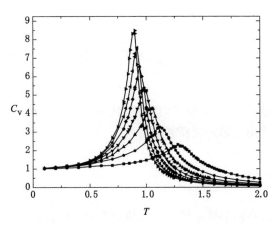

图 4-11 不同广义参数下，比热随温度的变化趋势
(符号如图 4-10)

真正对相变温度有意义的是序参数和磁化率，如图 4-12 和图 4-13 所示。序参数一个很明显的变化就是随着 q 值的增大而变得更加陡峭，并且靠近低温区。而磁化率峰值随着 q 的增大而增大并且向低温趋近，由于磁化率的峰值对应的温度靠近相变温度，很显然说明了相变温度的确是随 q 值增大而降低，这一

点同样可以从螺旋模量的计算中得到,如图 4-14 所示。由此,我们可以粗略地估算相变温度的数值范围,为下一步的精确计算打下基础。

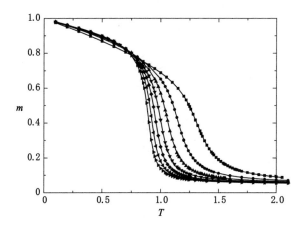

图 4-12　不同广义参数下,序参数随温度的变化趋势
(符号如图 4-10)

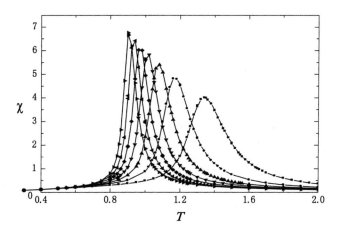

图 4-13　不同广义参数下,磁化率随温度的变化趋势
(符号如图 4-10)

此外,涡旋密度的计算可以很好地彰显出相变温度的变化情况。图 4-15 给出了不同 q 参数值的涡旋密度随温度的变化趋势。涡旋密度在低温时为零,只有在发生 BKT 相变时才出现有限值,此时涡旋-反涡旋对开始分离,并且随着温度的增大而增大。图中可以看出涡旋密度随着 q 增大而变化陡峭,涡旋－反涡

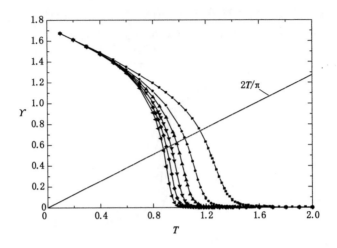

图 4-14　不同参数下,螺旋模量随温度的变化趋势

(符号如图 4-10)

旋开始出现分离的温度向低温靠近,进一步反映出本模型中 q 增大而相变温度
降低的事实。

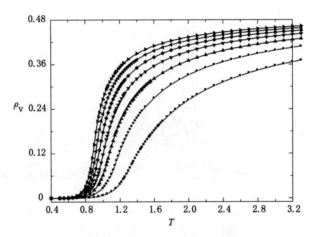

图 4-15　不同广义参数下,涡旋密度随温度的变化趋势

(符号如图 4-10)

众所周知,XY 模型支持拓扑激发,并显示出与涡旋-反涡对的释放束缚引
起的 BKT 相变。然而,当达到 BKT 转变温度时,这种束缚对会很快地释放。
本书中,我们以每个漩涡-反漩涡对的统计都以 $L=80$ 的三角形网格来计算的。每个涡旋核由三角形晶格上的三个自旋组成。当单位晶格上所有自旋角之和等于 π 时,涡旋增加 1。涡流密度 ρ_v 是通过将所有涡流数除以 N 得到的,如式(2-60)所示。图 4-16 显示了 $q=5$ 和 $q=10$ 时涡流密度随温度的变化。显然,涡流密度随着温度的升高而增加,尤其是在接近临界温度时,涡旋对是在所谓的涡旋-反涡旋对形成能的作用下形成的。涡旋-反涡旋对形成能是产生一对涡旋对所需的能量。在临界温度附近,涡旋密度和涡旋-反涡旋对形成能满足以下关系:$\rho_v \sim e^{-2\mu/T}$。其中 2μ 是涡旋-反涡旋对形成能。例如,图 4-17 显示了 $q=5$ 时 $-\ln\rho_v$ 随着温度变化的情况。为了计算涡旋-反涡旋对形成能,以临界温度 T_{cv} 和最大比热的温度 T_{cv} 对应的温度为参考点,将温度分为 3 个区域:高温区($T_{cv}<T$)、中温区($T_c<T<T_{cv}$)和低温区($T<T_c$)。通过对中间温度数据的线性拟合,我们得到了 $2\mu=11.63\pm0.03$。使用相同的方法,我们得到 $q=5$ 时的值 $2\mu=14.38\pm0.05$。该值高于 $q=5$ 时的值。我们还计算了 $q=1$ 时,无稀释时的涡旋-反涡对形成能,其值为 $2\mu=11.06\pm0.04$,其对应的临界温度为 1.05,高于两个自旋分量的平面旋转子模型的临界温度($T_c=0.89$)。平面转子模型的涡旋-反涡对形成能为 $2\mu=13.09\pm0.22$。该结果与参考文献[49]的结果一致。不同 q 值对应的涡旋-反涡对形成能如图 4-18 所示。从图中可以看出,随着时间的增加,涡旋-反涡对形成能逐渐增加。

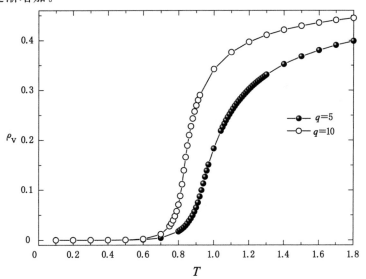

图 4-16　$q=5,10$ 时涡旋密度随温度的变化

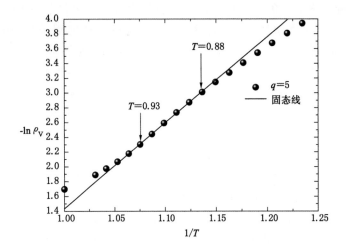

图 4-17 $q=5$ 时的涡旋密度随温度的变化曲线
（固态线是在区间 $0.88 < T < 0.93$ 的线性拟合）

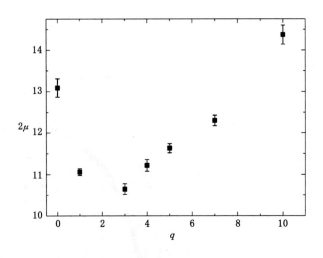

图 4-18   不同 q 值时的涡旋-反涡旋对形成能

此外，人们对该模型的一阶相变的讨论也非常有意思，这里简单地探讨一下。二维广义 XY 模型既有 BKT 相变，也有一级相变。当 q 较小时，一级相变现象不明显，甚至可能不存在一级相变现象。当 q 足够大时，例如 $q > 6$，一级相变变得越来越明显。我们知道，BKT 相变是由临界温度点处涡旋-反涡旋对的释放引起的，q 较大时相变性质的变化可能与相变点处大量几乎瞬时形成的旋涡有关。对于较小的 q，随着温度 T 的升高，涡旋和涡旋对逐渐进入系统，在 BKT 相变点，通过分离涡旋-反涡旋对从而发生了连续性相变。对于较大的 q，低温下涡旋密度的增加不足以使涡旋对的解离机制发挥作用。然而，随着温度的升高，在一定温度下，它们会突然大量出现，并经历一级相变。如图 4-16 所示，随着 q 的增加，涡旋密度几乎急剧增加。这两种相变发生在几乎相同的温度点，因此很难准确判断相变性质。如何准确地确定一级相变温度可能是未来一个有趣的研究方向。

接下来，利用前面所介绍的三种方法来精确计算不同参数情况下的相变温度。图 4-19 给出了 Binder 四阶累积量估算相变温度的结果，其中所取参数 $q=3$，所估算的结果为 $T_c=0.967\pm0.003$。磁化率有限尺寸标度方法确定相变温度的结果如图 4-20 所示，所得相变温度为 $T_c=0.957\pm0.002$。同时，螺旋模量方法所得结果如图 4-21 所示，由最大晶格尺寸 $L=80$，其计算结果为 $T_c=0.964\pm0.002$。

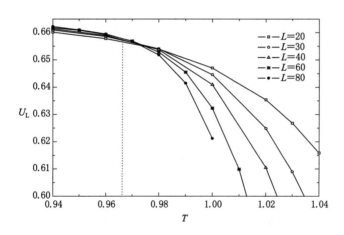

图 4-19　$q=3$ 时，Binder 四阶累积量方法确定相变温度示意图

表 4-1 中列出了由三种方法所得不同参数下的相变温度最后数值。从中可以看出相变温度随着参数 q 数值的增大而逐渐减小。

由于受到所取系统尺寸的限制和有限尺寸效应的影响，Binder 累积量方法和螺旋模量方法测量相变温度的数值往往比理论预测值偏小一点，因此，有必要考虑系统的有限尺寸效应的影响，下面就以螺旋模量为例介绍利用有限尺寸效应关系式确定系统的相变温度。

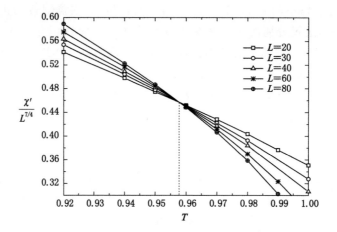

图 4-20 $q=3$ 时,序参磁化率有限尺寸标度方法确定相变温度示意图

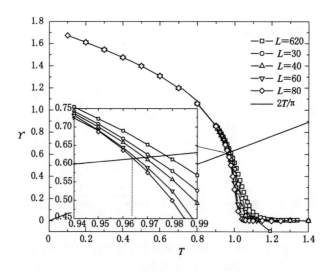

图 4-21 $q=3$ 时,螺旋模量方法确定相变温度示意图

表 4-1 不同广义参数下,三种不同方法所得相变温度的对比表

参数	U_L 方法	χ' 有限尺寸标度法	Υ 螺旋模量法
$q=1$	1.137 ± 0.004	$1.1285 \pm 0.003\,0$	$1.1285 \pm 0.003\,0$
$q=2$	1.027 ± 0.004	1.019 ± 0.002	1.025 ± 0.003
$q=3$	0.967 ± 0.003	0.957 ± 0.002	0.964 ± 0.002
$q=4$	0.922 ± 0.004	$0.916 + 0.003$	0.921 ± 0.002
$q=5$	0.892 ± 0.004	0.886 ± 0.003	0.890 ± 0.002

如上一章所述,根据重整化群理论,螺旋模量与相变温度之间存在普遍关系。BKT 转变的特点是在临界温度下螺旋度模量直接跳变为零。也就是说,可以通过螺旋度模量和直线 $2\pi/T$ 的交点来估计临界温度。以 $q=5$ 和 $q=10$ 为例,图 4-22 显示了螺旋度模量随温度变化的结果,晶格尺寸为 $L=80$。通过两条线的交点,估计临界温度分别为 0.804($q=10$)和 0.892($q=5$)。由于有限的晶格尺寸使螺旋模量的跳跃变得平滑,因此该方法的临界温度估计值通常高于实际值。于是,有必要寻找更有效的方法来避免有限尺寸效应的影响。通过求解重整化群方程,可以得出在临界温度下,螺旋度模量与晶格尺寸有如下关系:

$$\gamma = \frac{2T_{\mathrm{c}}}{\pi}\left[1+\frac{1}{2}\frac{1}{\ln L + C}\right] \tag{4-10}$$

其中,C 是一个待定的拟合常数。根据式(4-10)中螺旋模量的有限尺寸标度公式,通过对不同尺寸下的数据进行拟合,可以得到临界温度。

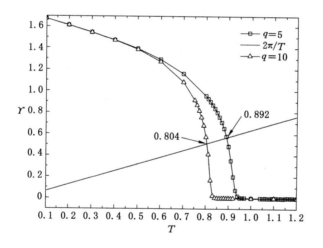

图 4-22 $q=5$ 和 $q=10$ 时,螺旋模量方法确定相变温度
(网格尺寸 $L=80$)

图 4-23 和图 4-24 显示了 $q=5$ 和 10 时螺旋度模量的有限尺寸效应图。这些线符合等式(4-10)的比例关系。这里的晶格尺寸分别取 $L=16,24,32,48,64$ 和 80。式(4-10)表明该方程仅在临界温度点有效,也就是说,该方程在其他温度下是无效的。根据式(4-10),通过调整参数 C 的值,可以得到不同温度下的拟合曲线。如果某一温度下的模拟值与拟合线吻合良好,则表明该温度就是临界温度。从图中可以看出,通过拟合曲线可以直接得到临界温度。例如,如图 4-23 所示,除了最小晶格 $L=16$ 的数据点,$q=5$ 处的数据与等式(4-10)吻合得

非常一致。而其他温度下的数据与式(4-10)不能吻合。因此,临界温度可确定为 $q=5$。$q=3$ 和 $q=5$ 时的临界温度分别为 0.79 和 0.88,低于上述交叉点采集方法获得的值 0.804 和 0.892。$q=5$ 时 $T=0.88$ 与根据磁化率有限标度关系得出的结果 $T_C=0.882$ 相一致的[123]。

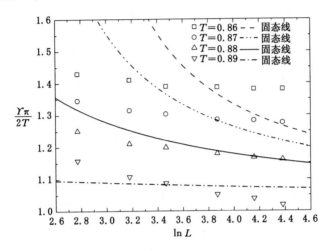

图 4-23 $T_C(L)$ 时,应用螺旋模量的有限尺寸标度公式

估算临界温度

[线是对方程(4-10)的拟合结果]

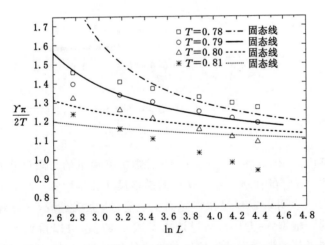

图 4-24 $q=10$ 时,应用螺旋模量的有限尺寸标度公式估算临界温度

为了进一步验证该方法的有效性,我们将该方法应用于平面转子模型[即

$T_c(L)$〕,得到临界温度 $T_c(L)$(即 $T_c(L)$),这与之前的蒙特卡罗模拟结果一致[120]。这表明用螺旋模量的有限尺度公式估算临界温度的方法是非常有效的。

此外,我们也测试了利用磁化率的伪临界温度 $T_c(L)$ 估算相变温度的方法。由所测伪临界温度,然后通过线性拟合,可以估算出相变温度的数值,如 $q=3$ 时,估算结果为 $T_c=0.962\pm0.004$,非常接近于磁化率有限尺寸标度方法所得结果。虽然其他理论方法已经证实本模型发生的二阶相变为 BKT 相变,然而至今还没有在模拟中给出确定的证明和精确的临界指数。下面,通过模拟计算,证明相变的属性。图 4-25 画出了 $q=3$ 时不同晶格尺寸的比热,模拟过程中取温度间隔为 0.01。很显然,在如此小的温度间隔下,$L=60$ 和 80 时,比热峰值在同一温度位置上,这一 BKT 相变很明显的特征得到证实。

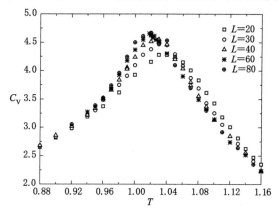

图 4-25　$q=3$ 时,不同晶格大小下的比热

我们知道,BKT 相变温度点对应的磁化率临界指数 η 的理论值为 0.25,如果能计算出临界指数的值,就可以非常有效地证明相变的类型。怎样计算临界指数呢? 序参磁化率的有限尺寸标度给出了一种计算临界指数非常有效的方法,即认为在比热峰值所在位置上,磁化率有限尺寸标度定律依然成立,

$$\chi_{max}(T) \propto L^{2-\eta} \tag{4-11}$$

此式两边取对数,然后通过线性拟合,拟合直线的斜率即为 $2-\eta$ 的值,由此可以估算出临界指数 η。这里我们以 $q=3$ 和 $q=5$ 为例进行介绍,其方法如图 4-26 所示,图中点线为线性拟合后的结果。最终所得临界指数结果分别为:$q=3$ 时,$\eta=0.263\pm0.006$;$q=5$ 时,$\eta=0.265\pm0.005$。测量结果非常接近于理论预测值 0.25。当然,由磁化率有限尺寸标度定律所得相变温度对应的临界指数肯定为 0.25,而其他两种方法所得临界温度对应临界指数值又如何呢? 我们以 $q=3$

所测结果 T_C＝0.967±0.003 和 T_C＝0.964±0.002 为例来测量临界指数,其结果分别为 η＝0.258±0.004 和 η＝0.256±0.005。由此可见,其结果非常接近于理论预测值。由此,最终证实该种相变即为 BKT 相变。

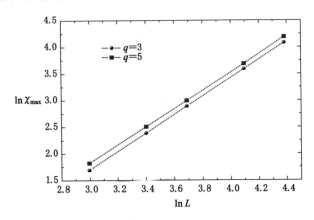

图 4-26　q＝3、5 时,由磁化率的标度定律计算临界指数 η 的结果
(直线是拟合后的结果)

4.3.2　稀释情况

前面我们讨论了无稀释情况下的结果,下面讨论不同稀释密度情况下的结果,我们将对描述稀释情况下广义 XY 模型的模拟结果进行简略讨论。

图 4-27 画出了在 q＝3、ρ＝0.05 时,由 Binder 累积量方法计算相变温度的结果,由最大的两个晶格尺寸 L＝60 和 80 所得 T_C 为 0.881±0.002。Binder 累积量方法在稀释情况下受到尺寸效应的影响非常明显,尺寸越小,误差越大,如图 4-28 所示。尽管非磁性空穴的存在并没有破坏系统的准长程有序性,但随着稀释密度的增大,误差越来越大以至于很难得到比较有效的控制,尤其是对累积量的影响尤为明显。因此,接下来的计算中,在 ρ＞0.35 时我们将摒弃累积量方法,而求助于另外两种方法计算相变温度。

图 4-28 给出了 q＝3、ρ＝0.05 时,由磁化率有限尺寸标度方法所得相变温的结果,T_C 测量结果为 0.874±0.002。螺旋模量所得结果如图 4-29 所示,很显然,小尺寸下的测量数据误差较大。由最大系统所得 T_C 为 0.883±0.001。其他稀释密度下螺旋模量的测量结果如图 4-30 所示。高稀释密度下的误差越来越明显,因此,可以采用多次测量取统计平均的方法以达到最佳的测量结果,模拟过程中采用了不同的随机数产生器。在误差范围内,可以看到相变温度几

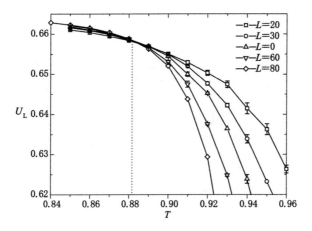

图 4-27 $q＝3$、$\rho＝0.05$ 时，由 Binder 累积量方法
计算相变温度的结果

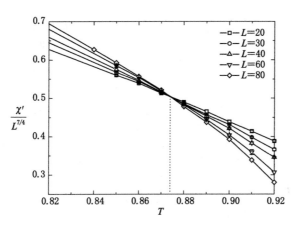

图 4-28 $q＝3$、$\rho＝0.05$ 时，由磁化率有限尺寸标度方法
计算相变温度的结果

乎在磁占有密度 ρ_{mag} 接近点渗流阈值时为零。

由三种方法所得相变温度的最终结果如图 4-31 所示，显然，相变温度在磁占有密度达到点渗流阈值点时变为零，即在没有渗流团簇出现的情况下，就不会出现 BKT 相变，而只有当磁占有密度超越点渗流阈值时才会有渗流团簇出现。尽管稀释情况影响了系统的无序性，但是只要有渗流团簇的存在，稀释就不能够打破自旋排列的准长程有序性，亦即不会破坏 BKT 相变的产生，典型的自旋位形如图 4-32 所示。换句话说，只要存在渗流团簇，就会出现 BKT 相变。但是由于稀释的存在，影响了自旋间的交换耦合作用，因此会使得相变温度降低。

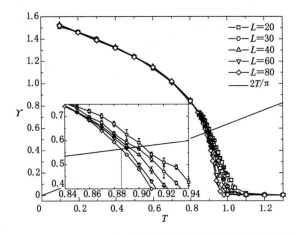

图 4-29　$q=3$、$\rho=0.05$ 时,由螺旋模量方法计算相变温度的结果

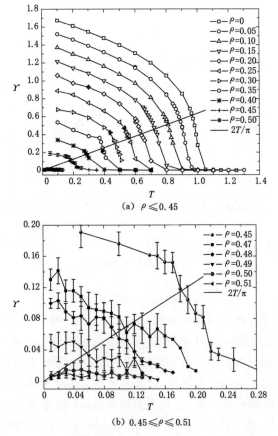

(a)　$\rho \leqslant 0.45$

(b)　$0.45 \leqslant \rho \leqslant 0.51$

图 4-30　$q=3$,螺旋模量法所得不同稀释密度下的相变温度

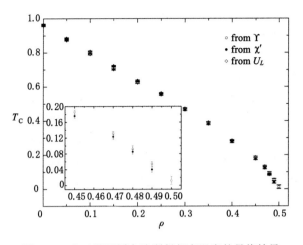

图 4-31　由三种不同方法所得相变温度的最终结果

(插图为高稀释密度下的结果放大情况)

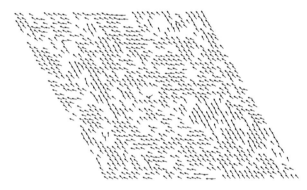

图 4-32　一个典型的自旋位形图

($\rho = 0.7$)

4.4　本章小结

本章中,我们介绍了一套有效的组合算法,并用来模拟计算了广义 XY 模型在三角晶格上的热动力学性质和临界性质。分别从稀释和非稀释两种情况做了详细的讨论。主要结论总结如下:

（1）讨论了 XY 模型中稀释密度对热动力学及相变温度的影响。利用三种不同方法计算了相变温度，发现了相变温度在磁占有密度达到点渗流阈值时消失这一规律。

（2）获得了在稀释和非稀释情况下不同广义参数所对应的热力学量和相变温度。探讨了热动力学量随广义参数变化的规律，如比热和磁化率峰值随广义参数的增大而趋向于低温，能量随参数的增大而变陡峭等现象。通过对表征 BKT 相变的物理量的分析和临界指数的实际测量，进一步证实相变的属性，即 BKT 相变。发现了 BKT 相变随着渗流团簇的出现而出现、消失而消失的规律，进一步验证了相变温度与磁占有密度之间的线性关系。

第 5 章

平面转子模型中 DM 作用在
三角晶格上的影响

低维系统中的阻挫相互作用在分子团簇和流体中的现代磁场理论方面起重要的作用。特别地,连续性自旋旋转对称的二维系统中有限温度相变的存在曾被 Mermin Wigner 理论解释所否定,认为没有一般的长程有序存在于这些系统中,但这一相变在过去的多年中已经清楚地被证明是存在的,并因其在低温下产生现象的多样化一直引起人们广泛的兴趣[133-134]。近年来,各向异性对自旋系统临界性的影响的研究引起人们的广泛兴趣。其中一种很重要的各向异性作用就是 DM 作用,该作用源于无序晶格下的超交换作用与自旋轨道耦合作用之间的混合[56,58]。在一些铜氧化合物如 $La_2CuO_4^-$ 和一些含铁和铬黄钾铁矾矿中发现,DM 作用可以用来解释这些化合物中低温正交晶相的弱铁磁性和磁结构机理[134-137]。DM 作用还在自旋玻璃的研究和解释一些中子散射测量的实验中占有重要的角色[79,138]。由于晶格中心对称性的破缺,DM 作用能够导致螺旋状的有序性自旋排列[86-87,91,139-140]。最近,在一些反铁磁材料中,人们发现 DM 作用是各向异性的首要来源并且对理解这些材料的磁化强度和自旋结构起到很大的作用[141]。通过低温自旋波分析和直接的数值模拟,人们研究了 DM 作用对低能磁激发的影响[142-144]。对于含 DM 作用的经典量子 XY 模型,实空间重整化群方法和自旋分子动力学模拟在三角晶格上的研究结果表明,在低温时会有 BKT 类型的相变产生[145]。威尔逊重整化群结果显示,对于增加了 DM 作用项之后的经典的海森堡模型仍然存在着类似 XY 类型的相变[65]。此外,蒙特卡罗模拟和自洽谐波逼近理论(Harmonic Approximation Theory)对含 DM 作用项的二维经典海森堡模型的研究表明 DM 作用项并没改变系统的相变规律[146-147]。

大部分的计算和模拟都针对于反铁磁材料和 DM 作用很强的情况。一般来讲,实验上观测到的 DM 作用强度的大小比自旋耦合强度小得多。由于自旋耦合作用和 DM 相互作用之间的竞争,各向异性的出现使得系统表现出比较复杂的热动力学和磁结构特征。在实验上,由 DM 作用所引起的螺旋有序相变一直存在着很大的争论,一部分学者通过对稀土材料如 Tb、Dy、Ho 等的中子散射测量结果显示这种螺旋相为类似于伊辛类型的相变,而另外一部分学者通过其他一些含有 DM 作用的磁性材料如 CsCuCl₃ 等的测量显示是一种类似于 XY 类型的相变,即便是同样对稀土材料的测量,不同的科学家所测的临界指数的结果也存在着较大的差异性[104]。由 DM 引起的螺旋相到底是什么相变一直以来没有定性的结论,因此,期望利用简单的自旋模型通过模拟计算定性来解答这一疑问。本章我们介绍一套组合的蒙特卡罗算法,研究三角晶格上包含 DM 作用项的平面转子模型中 DM 作用的影响。

5.1　模型及模拟方法

自旋间包含 DM 作用项的经典铁磁平面转子模型的哈密顿量可以写为[145,148-149]

$$H = -J \sum_{<ij>} \boldsymbol{S}_i \cdot \boldsymbol{S}_j - \sum_{<ij>} \boldsymbol{D} \cdot (\boldsymbol{S}_i \times \boldsymbol{S}_j) \tag{5-1}$$

式中　$J>0$——铁磁耦合常数;

θ_i——两组分自旋 $\boldsymbol{S}_i = (S_i^x, S_i^y) = (\cos \theta_i, \sin \theta_i)$ 的角坐标;

i,j——三角晶格的最近邻作用。

如果自旋耦合作用 $J=0$,该模型就演化为所谓的 DM 模型。

为了应用 Swendsen-Wang 团簇算法,方程(5-1)可以进一步简化为

$$H = -\tilde{J} \sum_{<ij>} \cos(\theta_i - \theta_j - \varphi) \tag{5-2}$$

这里,考虑 DM 作用矢量 $\boldsymbol{D} = \hat{D}z$ 沿着 z 轴的正方向,并取 $\tilde{J} = J\sqrt{1+d^2}$、$d = D/J$ 和 $\varphi = \cos^{-1}(J/\tilde{J})$。值得注意的是,当取 $d = \sqrt{3}$,即 $\varphi = \pi/3$ 时,如果每个三角基元上所有 φ 角加起来为 π,则此时方程(5-2)演化为完全阻错 XY 模型[150-151]。图 5-1 绘出了不同 DM 作用大小的 φ 角的变化趋势。

为了避免临界慢化现象和不同位形之间的关联,采用了包含单自旋和团簇算法在内的组合算法,每步的模拟包含一次 Metropolis 更新,紧接着后面跟着

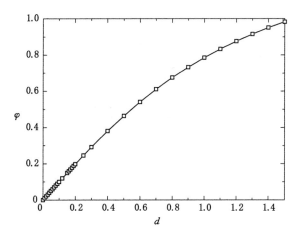

图 5-1　不同 DM 作用大小对应的 φ 角

一次 SW 团簇更新。在 SW 更新过程中，引入了变换 $\theta_i \rightarrow \theta_i + \dfrac{1-\sigma_i}{2}\pi$，其中 $\sigma_i = \pm 1$。那么方程(5-2)可以改写为

$$H = -\tilde{J} \sum_{<ij>} \cos\left(\theta_i - \theta_j + \frac{1-\sigma_i}{2}\pi + \frac{1-\sigma_j}{2}\pi - \varphi\right)$$

$$= -\tilde{J} \sum_{<ij>} \cos(\theta_i - \theta_j - \varphi)\sigma_i\sigma_j \tag{5-3}$$

定义一个有效的伊辛耦合 $H_{\text{Ising}} = -\sum_{i,j} J_{ij}\sigma_i\sigma_j$，其中 $J_{ij} = -\tilde{J}\cos(\theta_i - \theta_j - \varphi)$。如果 $J_{ij}\sigma_i\sigma_j > 0$，就按照概率 $p = 1 - \mathrm{e}^{-2J_{ij}/k_B T}$ 在最近邻自旋之间放键，否则，就在最近邻自旋间不放键。接下来，运用 Hoshen-Kopelman(HK)方法来辨认由键连接而成的网络所形成的团簇，对团簇进行编号。紧接着，正如伊辛模型中所取概率一样，随机选取其中一个团簇，按照概率 1/2 进行反转，这样，新的自旋位形就形成了。这里，整个模拟算法的流程如图 5-2 所示。

为了证实 SW 算法的有效性，可以与单独运用单自旋算法模拟结果作一个对比。图 5-3 给出了能量和比热在晶格大小 $L=24$、$d=0.5$ 时的对比结果。模拟过程中，10^4 蒙特卡罗步用来达到热平衡，对于单独运用 Metropolis 更新，6.4×10^5 蒙特卡罗步用来获得热平均。而对由 Metropolis 和 SW 团簇更新结合起来的组合算法，采用 4.8×10^5 去获得热平均。两种情况下的能量和比热数据在统计误差内吻合得很好。但是，由团簇算法所获得的数据比由单自旋算法所获数据更加精确，这一点在低温区域和比热峰值附近表现得尤为突出。

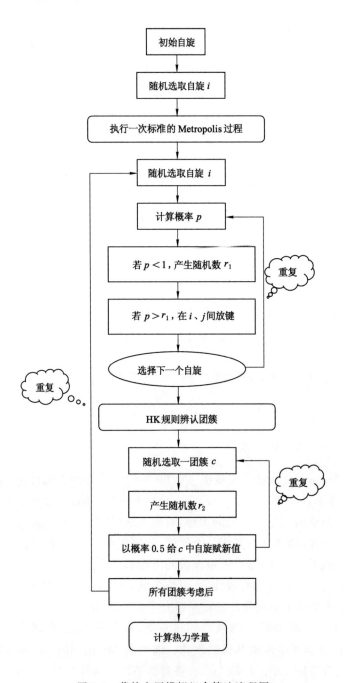

图 5-2 蒙特卡罗模拟组合算法流程图

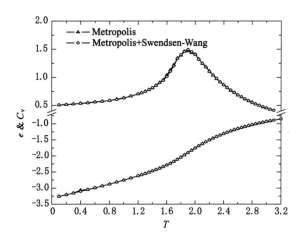

图 5-3　由两种算法模拟计算所得能量和比热的对比

（参数 $d=0.5$、$L=24$）

　　另外，可以通过计算关联时间来比较两种算法的优越性。当接近系统临界点的时候，特征时间标度在物理极限情况下会发散，通过光散射实验或者中子散射测量方法，这种被称为"临界慢化"的现象在多种物理系统中都能被观测到。一般来说，人们用两种不同的普适类来划分这种动力学行为：一种是对应仅有弛豫行为的系统，另外一种是对应真实动力学行为的系统，如由哈密顿量导出的运动方程。简单地说，以海森堡模型为例，可以用随机蒙特卡罗方法来模拟，另外也可以对模型对应的耦合运动方程进行积分求解，如用分子动力学方法来模拟。对于那些直接通过哈密顿来模拟的弛豫模型，如第 1 章所述，时间依赖行为通常通过主宰方程来描述。求解主宰方程对应着的一系列态，而时间变量是一个随机变量，并不代表真正的时间。此时，通过定义弛豫函数 $f(t)$（Relaxation Function）来描述系统由非平衡到平衡过程的时间关联，其定义式如下

$$f(t) = \frac{<A_0 A_t> - <A_t>^2}{<A_t^2> - <A_t>^2} \tag{5-4}$$

　　值得注意的是，$t=0$ 时，$f(0)=1$，而当 $t \to \infty$ 时，$f(t)$ 就衰减为 0，系统达到平衡。弛豫函数所具有的渐近性、长时间的行为是指数性的，即

$$f(t) \to e^{-t/\tau} \tag{5-5}$$

其中 τ 为关联时间（Correlation Time），关联时间在接近相变温度时会发散。这种动力学行为可以用幂率形式来表达，即

$$\tau \propto \xi^z \propto \varepsilon^{-\nu z} \tag{5-6}$$

式中　ξ——关联长度，$\varepsilon = |1 - T/T_c|$；

z——动力学临界指数,局域算法中 $z \approx 2^{[14]}$。

对于有限的系统,$\tau(T_C) \propto L^z$。关联时间越短,证明达到平衡的速率越快。在模拟的程序中,物理量 A 取能量 E,关联时间可以通过下列公式求出

$$\tau = 1 + 2 \sum_{t=0,\pm1,\pm2}^{\infty} f(t) \tag{5-7}$$

图 5-4 给出了分别采用单自旋 Metropolis 算法和改进后的 SW 算法所得的关联时间。非常明显,关联时间在同一温度附近存在着发散现象,这表明这一系统中存在着某种相变行为。在整个温度区间内,采用 SW 算法所得关联时间皆小于采用 Metropolis 单自旋算法所得结果,尤其是在超过相变点的高温区间,这种比较尤为明显,团簇算法所得关联时间迅速降低,而单自旋算法的关联时间下降比较平缓。也就是说,同一温度下,团簇算法相比单自旋算法在更短的时间内达到了平衡状态,这也突显了这种算法高效、快速的优势。通过前后的对比,发现改进后的 SW 算法相对于方程(5-1)所描述的模型是非常有效的。

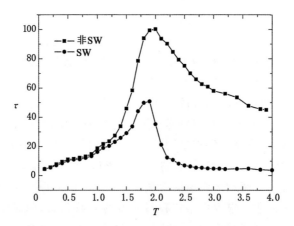

图 5-4   由两种算法计算所得关联时间的对比

(参数 $d=0.5$、$L=24$)

在模拟过程中,计算了一些物理量,其中包括能量密度 $e = E/N$、序参磁化强度密度 $m = M/N$,$N = L \times L$ 为系统大小。对于每一个固定温度,我们定义:

序参数

$$M = \sqrt{\left(\sum_{i=1}^{N} \cos \theta_i\right)^2 + \left(\sum_{i=1}^{N} \sin \theta_i\right)^2} \tag{5-8}$$

序参磁化率

$$\chi = [<M^2> - <M>^2]/(Nk_B T) \tag{5-9}$$

比热

$$C_V = [<E^2> - <E>^2] / (Nk_B T^2) \qquad (5\text{-}10)$$

这里采用了约化单位,其中温度、比热、内能、序参数和磁化率的单位分别为 J/k_B、k_B、J、S 和 S^2,k_B 为玻尔兹曼常数。在本章所画图形中,未标明误差的表明误差比符号小。

■ 5.2　基态及有限尺寸效应

首先,我们讨论该模型的基态问题。人们发现 DM 作用能使得自旋与最近邻自旋之间呈一扭角排列[104,139]。图 5-5 绘出了一个典型的自旋位图。这里假定 DM 矢量沿着两个方向作用,$d>0$ 意味着沿着 z 轴的正方向,$d<0$ 表明沿着 z 轴的负方向。从图中可以看出,自旋具有螺旋周期性的排列规则。排列的周期性大小不依赖于 DM 矢量方向,而是依赖于 DM 作用的大小。假如我们改变 d 的符号,基于 φ 的定义式,方程(5-2)中 φ 的符号也随之改变。由于 φ 在基态代表着网格中一个三角单元的平均差,当 φ 改变符号的时候,最近邻自旋之间的差角也改变了符号,因此,DM 矢量的方向仅仅影响自旋排列的方向,如图 5-5(b)、(c)所示。

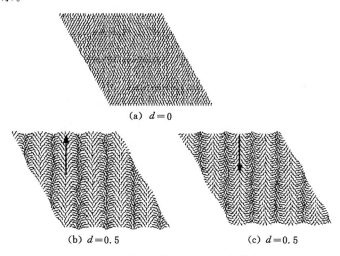

(a) $d=0$

(b) $d=0.5$　　　　　(c) $d=0.5$

图 5-5　不同 DM 作用下的基态自旋位图

从图 5-5 中我们可以看出,自旋沿着横轴方向每间隔 10 个格点就经历一个 2π 角度的旋转,而在其他两个键的方向上需要经历 20 个格点才能完成一个完

整 2π 角度的旋转。由此可得最近邻自旋的位相差分别为 $2\pi/10$、$2\pi/20$。每个基态上的三角单元都有类似于图 5-6 所示的自旋位形。如果定义键的方向为如图 5-6 所示箭头所指的方向,那么每个单元的能量可以表示为

$$U = -\tilde{J}\left[\cos(\alpha_1 - \varphi) + \cos(\alpha_2 - \varphi) + \cos(\alpha_3 - \varphi)\right] \quad (5\text{-}11)$$

其中 $\alpha_1 = \theta_1 - \theta_2$,$\alpha_2 = \theta_2 - \theta_3$,$\alpha_3 = \theta_1 - \theta_3 = \alpha_1 + \alpha_2$ 为沿着键方向的相位差。将能量对 α_1、α_2 最小化:$\dfrac{\partial U}{\partial \alpha_1} = \dfrac{\partial U}{\partial \alpha_2} = 0$,即可得到下列结果

$$\sin(\alpha_1 - \varphi) + \sin(\alpha_1 + \alpha_2 - \varphi) = \sin(\alpha_2 - \varphi) + \sin(\alpha_1 + \alpha_2 - \varphi) = 0$$
$$(5\text{-}12)$$

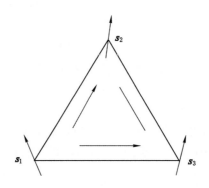

图 5-6　一个典型的基态单位单元
（三角基元内箭头表示所取键的方向）

为了满足上面恒等式,只有取 $\alpha_1 = \alpha_2 = \Delta\theta$。这表明非水平键上的最近邻相位差相同。由方程(5-12)可以推导出基态相位差和参数 d 的关系

$$d = \tan\varphi = \frac{\sin(\Delta\theta) + \sin(2\Delta\theta)}{\cos(\Delta\theta) + \cos(2\Delta\theta)} = \frac{\sin(\Delta\theta)}{1 + \cos(\Delta\theta)} \quad (5\text{-}13)$$

由上式可知,如果给定任何 d 的值,就可以得到基态的最近邻自旋的相位差。例如,$d = 0.5$ 时,方程(5-13)给出的相位差 $\Delta\theta = 0.309 \approx \pi/10$,这与模拟测量结果及其吻合。进一步,给定 d 值就可以得到自旋排列的周期 Q。值得一提的是,对于三角晶格而言,其他两个键方向上自旋排列的周期性大小是横向键方向上自旋周期性大小的一倍,如果是四方晶格,两个键方向的周期性大小相等。

为了进一步作比较,我们从理论推导和蒙特卡罗模拟计算两方面得到了周期性大小的值,结果如图 5-7 所示,其中周期性大小以单位网格长度为单位。从中可以看出,二者吻合得很好。并且,模拟位形显示周期性大小不随温度和晶格大小而改变。插图中显示在 DM 作用很弱的情况下,自旋排列的周期性大小非

常大。由于受到晶格尺寸的限制,我们没有模拟计算 $d<0.1$ 下的周期性大小。事实上,基态自旋周期性和晶格的有限尺寸以及边界条件的不匹配效应,对热动力学量和相变的性质产生非常明显的影响[104,152-154]。当系统不匹配的时候,周期性边界条件将会引入产生"阻错"现象,相当于在所有空间方向上充当了一个外力的角色[104,153]。下面我们将讨论这种尺寸的不匹配效应对热动力学以及临界性质的影响。

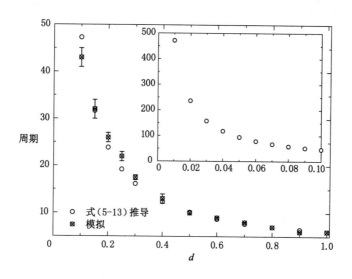

图 5-7　螺旋周期性随 DM 作用大小的变化趋势
(插图中为 $d<0.1$ 的结果)

5.3　模拟结果和讨论

由涡旋-反涡旋对的释放引起的所谓 BKT 相变在传统的平面转子模型中普遍存在。DM 作用可以导致易平面上的各向异性,因此人们预测在含有 DM 作用项的二维经典海森堡模型中存在 BKT 相变[146]。由于一些物理量如比热、磁化率等存在明显的峰和要考虑到对数纠正,这给用通常的有限尺度标度来确定相变带来一些麻烦,因此,如何精确地确定相变温度就成为一个非常棘手的问题。前面章节中我们已经提到,螺旋模量 $\varUpsilon$ 是一种展示 BKT 相变很好的方法,螺旋模量犹如人的指纹一样,可以有效地判断 BKT 相变行为。基于前面的推导过程和方程(5-2)的定义表达式,可以得到含 DM 作用项的螺旋模量的表达

形式

$$\Upsilon(T) = -\frac{<H>}{\sqrt{3}} - \frac{2J^2}{\sqrt{3}\,k_{\mathrm{B}}TN^2} < [\sum_{\langle i,j \rangle}(\hat{e}_{ij} \cdot \hat{x})\sin(\theta_i - \theta_j - \varphi)]^2 >$$

(5-14)

同时,基于基态的自由能表达式和前面章节中介绍的关于螺旋模量的基本定义,可以得到零温时的螺旋模量,即

$$\Upsilon(0) = \frac{\rho}{N}\frac{\partial^2 U(d,\Delta)}{\partial \Delta^2}\Big|_{\Delta \to 0} = \frac{\rho}{N}\tilde{J}[\frac{1}{2}\cos(\Delta\theta - \varphi) + \cos(2\Delta\theta - \varphi)]$$

(5-15)

其中 $U(d,\Delta) = -\tilde{J}[2\cos(\Delta\theta - \varphi + \frac{\Delta}{2}) + \cos(2\Delta\theta - \varphi + \Delta)]$,$\rho = 2/\sqrt{3}$ 为三角晶格上的自旋密度。在发生 BKT 相变的时候,螺旋模量具有一个非常明显的特征,那就是在相变点附近温度范围内,螺旋模量的数值会产生一个陡峭的降落,直到变为零值。由此,可以通过螺旋模量的曲线跟直线 $\Upsilon = 2k_{\mathrm{B}}T/\pi$ 的交点来确定相变温度。在周期性边界条件下的模拟过程中,我们发现了一些有趣的现象。首先考虑 DM 作用非常弱的情况,即 $d < 0.1$ 的情形。

图 5-8 显示了固定系统大小后不同 DM 作用下的模拟结果,这里所取 $L = 48$ 比自旋排列周期小。很明显,在 $d < 0.03$ 时有一个交叉点存在,而在 $d > 0.03$ 时交叉点就消失了。为了验证所推导的模拟方程式(5-14)的正确性,在没有 DM 作用时,测量所得相变温度为 $T_{\mathrm{C}} \approx 1.50$,这一数值非常接近高温展开的结果[120,121],由此可见,方程(5-14)是正确的。由方程(5-14)以及螺旋模的原始定义式可知,螺旋模量的数值应该为大于零的正值,而测量结果显示出,在 $d \geqslant 0.03$ 时螺旋模量为负值。负值的出现表明了在扭转系统中自由能比未扰动时的能量低,这就违背了方程(5-14)右边第一项的值永远大于第二项的规律。同时,通过理论推导的公式(5-15)和蒙特卡罗模拟两种方法来计算零温时的螺旋模量,其结果如图 5-9 所示。

很显然,二者吻合得很好,而且螺旋模量在任何温度下都为正值。为什么会出现这种迥然不同的情况呢?我们知道,方程(5-14)是在周期性边界条件下构造出来的,同时模拟的系统大小 L 被限制在了一个自旋排列周期内,周期性边界条件又要求边界线上自旋的“邻居”必须为同一行或者同一列上的第一个自旋,由于该系统下自旋排列存在着一个周期,那么边界线上的自旋跟它的最近邻自旋产生了不匹配。正是这种不匹配影响了由方程(5-14)计算所得到的螺旋模量的值,造成负值情况的出现。之所以在 $d < 0.03$ 时还有交叉点的存在,是因为 DM 作用相对于自旋耦合作用小得多,自旋排列周期非常大,而模拟所取系

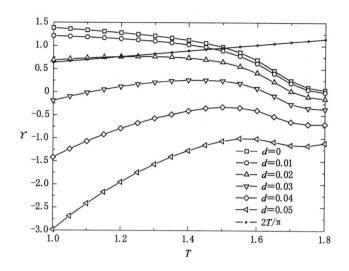

图 5-8　$L=48$、$d<0.1$ 时，不同 DM 大小下的
螺旋模量随温度的变化趋势

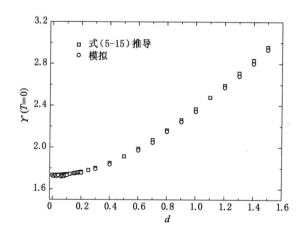

图 5-9　模拟和推导所得零温时螺旋模量随 DM 作用的变化

统尺寸又小于一个周期，这样在一个周期内的自旋近乎于铁磁平行排列，尺寸的不匹配产生的影响小了，如在 $L=8$ 时的计算结果几乎不受不匹配的影响。另外，这一影响还体现在序参数数据和临界指数值 η 上。

　　如前所述，利用序参磁化率的有限尺寸标度关系 $\chi_{\max} \propto L^{2-\eta\,[53,123,155]}$，从磁化率的峰值，可以计算得到临界指数 η。图 5-10 给出了 η 随 DM 作用变化的形式,其中所取的晶格大小 $L=8,16,24,32,48$ 均小于自旋排列的周期。图中可以看出 $2-\eta$ 值在 d 低于 0.02 的误差范围内是略大于 1.75 的,也就是 η 的值非常接近理论值 0.25。而当 d 高于 0.02 的时候,$2-\eta$ 值反而大于 1.80。这种情况出现时由于系统尺寸不匹配对临界指数的影响源于热动力学量。能量、比热以及序参数都直接受到尺寸不匹配的影响。

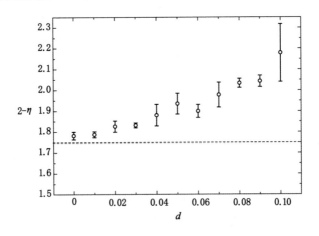

图 5-10 $d<0.1$ 时,不同 DM 作用下的临界指数

图 5-11 给出了比热和序参磁化强度随温度的变化趋势,其中固定了 DM 作用强度 $d=0.05$,系统大小处在一个自旋周期内。从图中可以发现比热峰值处在同一温度位置,序参磁化强度在高温相趋近于零,并且随着晶格尺寸的增大存在着一个明显的陡降过程。很显然,在一个周期范围内,序参数依然保持它的有效性,虽然偶尔在低温区域也产生涨落现象,但总体而言受到尺寸不匹配的影响较小。一般来说,DM 作用强度相比于自旋耦合作用强度小得多,所以在一些实验中,人们往往容易忽视了这一作用的存在,然而,的确在一些复合材料中,这一作用占有重要地位并且和自旋耦合作用在数值上是可以相比的[156-157]。为了探究强 DM 作用影响下有限尺寸下的结果,还需要计算在 $d>0.1$ 时的各种热动力学量。

图 5-12 展示了在 $L=32$ 时不同 DM 作用下的比热、序参数和能量随温度的变化。随着 DM 作用强度的增大,相同温度下,能量下降了。有意思的是序参数在 $d=0.1$ 时发生了坍缩现象,存在非常明显的涨落,而且,随着 d 的增大,序参数出现了一个峰,如插图中所示。这种情况下,序参数就不能很好地用来解释由于 DM 所导致的相变问题。为什么会出现这些奇特的现象,下面我们就来分析其中的原因。

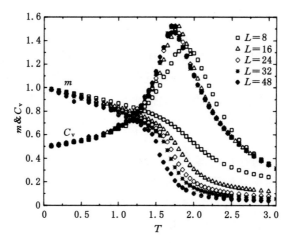

图 5-11　$d=0.05$ 时,比热和序参数随温度的变化趋势

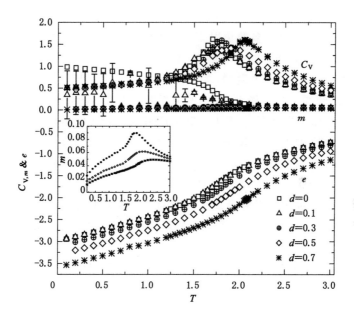

图 5-12　不同 DM 作用下的比热、序参数和能量随温度的变化

　　首先,我们从系统的基态磁结构入手,引进铁磁耦合作用和 DM 耦合作用之间的竞争机制,在一个自旋周期内,DM 作用非常小的情况下,起主要支配作用的是铁磁耦合作用,此时的自旋排列偏向于铁磁有序,如图 5-5(a)所示。因此,在一个自旋周期内,在不包含 DM 作用时生效的序参数还是起到比较有

效的作用，于是，就发现如图 5-8、图 5-10 和图 5-11 所示弱 DM 作用下的热动力学量没出现奇异的变化。但是，如果所取晶格尺寸大小超越了一个自旋周期，甚至是半个周期长度，模拟结果显示出螺旋模量和序参数仍然会出现如 DM 作用很大时所出现的现象。随着系统尺寸的增大，超越了一个自旋排列周期，基态自旋的周期性排列就体现得非常明显，尤其是随着 DM 作用强度的增大，自旋排列周期性大小变小，这种螺旋周期性排列的现象就显得尤为突出。

有限尺寸效应的存在使得人们开始意识到序参数的不匹配。周期性边界条件和自旋基态周期性的不匹配在边界处相当于给自旋结构增加了一个外力的影响。这会影响相变的自然规律，尤其是在所取晶格大小与排列周期性大小不能相比时，这种影响更加突出[152]。此时，一种典型的螺旋相变产生，并且，基态自旋结构主要由 DM 作用所支配，如图 5-5(b) 和图 5-5(c) 所示。这种螺旋相被认为是一种类似于 XY 类型的 BKT 相变[65]。在热动力学极限条件下，基态序参数在任何 d 值下应该归于零。相反的，当基态周期性结果比模拟所取样品尺寸 L 大得多的情况下，就会得到非零值的序参数。在最短周期性那个键方向上，即横轴方向，能够正好完全容纳整个基态结构的最小的周期性长度为 $Q=\pi/\Delta\theta$。举例说明，如果 $d=0.05$，我们可以由式 (5-13) 得到 $\Delta\theta$ 的值，最后得到 $Q\approx94$。图 5-11 中所取系统尺寸都小于一个周期长度，因此，序参数是个有限值并且接近于 1。图 5-12 中 $d=0.1$ 时的序参数发生坍缩的现象也可以由这种不匹配效应来解释：固定了系统尺寸 $L=32$ 后，适应基态的最小的最近邻相位差为 $\Delta\theta=\pi/L\approx5.625°$，按照方程 (5-13) 的定义，最大能够匹配的 d 的值为 0.148，因此，$d=0$ 和 $d=0.1$ 的时候序参数是有限值，当 d 接近于 0.148 时涨落现象出现了。而对于 $d=0.3$、0.5 和 0.7，低温时的序参数 $m=0$。由于尺寸不匹配效应直接影响序参数，从而也对由序参数来定义的序参磁化率产生了影响。

进一步，由于临界指数从序参磁化率得来，尺寸不匹配也对临界指数 η 产生影响，如图 5-10 所示。所以，通常情况下有效的序参数在 DM 作用系统中失去了其效用。这就需要找到合理的方法或者序参数来解决螺旋相变问题。

基于自旋排列的周期性特点，我们提出一种合理的解决方案，那就是取系统尺寸正好为一个最小自旋排列周期的偶数倍，之所以取偶数而不是奇数，是考虑到其他两个键方向上的周期性是横向键方向的周期性的二倍关系，所取偶数就可以在三个键方向上完全满足周期性边界条件的要求，解决了尺寸不匹配的问题。这样，就可以根据方程 (5-14) 所定义的螺旋模量来确定相变温度。例如，$d=1.0$ 时，周期 $Q=6$，图 5-13 给出了 $L=12$、24、36、48 时螺旋模量的测量结果。很显然，在所有温度区间，螺旋模量皆为正值，不会出现负值的现象。并且，随着系统尺寸的增大，螺旋模量在比热峰值附近温度陡然降落直到为零，非常类似于发生 BKT 相变时候的现象。而伊辛类型的相变是不会出现这种情况的。

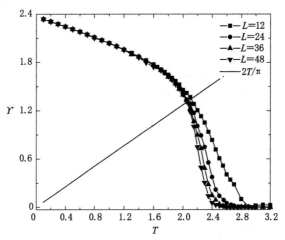

图 5-13　周期 $Q=6$ 时，螺旋模量的测量结果

　　此外，我们知道 BKT 相变的机理是由于涡旋-反涡旋对的释放引起的，由于涡旋密度在相变温度之前一直是零值，可以很好地反映这种相变行为。因此，可以通过计算涡旋密度来判断相变。首先，考虑初始的单涡旋情况，相对于 XY 平面涡旋，自由边界条件下，方程(5-1)的一个稳态的单涡旋解为[158]

$$\theta_i = \arctan\left(\frac{y_i - y_0}{x_i - x_0}\right) + (y_i + x_i - 1)\arctan d \qquad (5-16)$$

其中，(x_0, y_0) 代表涡旋中心的坐标，x_i、y_i 表示 $L \times L$ 四方晶格上第 i 个自旋所对应的横坐标和纵坐标。图 5-14 展示了 $J=0$、$D=1$ 时一个单涡旋图样，此种涡旋又常被称为 DM 涡旋。

　　图 5-15 给出了在不同周期性大小下的涡旋密度随温度的变化曲线。很明显，涡旋密度开始为零，达到某一温度时开始出现大于零的有效数值，并且，不同周期下，涡旋密度出现有效数值的温度点不同，随着温度的升高，涡旋密度逐渐增大，这种现象跟发生 BKT 相变时候出现的情况非常类似。由此可见，该种螺旋相变类似于 XY 类型的 BKT 相变，但是，它又表现出标准的 BKT 相变所没有的特性，如序参数在此不可用，临界指数发生了变化，所以，有些学者又将其归于一种新的相变行为。既然已经解决了尺寸不匹配效应，下面就看一下热动力学量的变化情况。

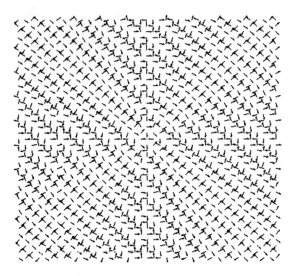

图 5-14 $J=0$、$D=1$ 时 DM 自旋涡旋

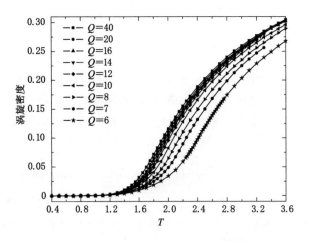

图 5-15 不同螺旋周期情况下的涡旋密度随温度的变化

图 5-16 给出了不同螺旋周期下的能量密度随温度的变化趋势，从图中可以看出，随着 DM 作用的增强，相同温度下的能量依次降低。比热的情况如图 5-17 所示，比热仍然存在一个峰值，并且随着 DM 作用的增大，峰值向高温处挪移。这从侧面可以体现出相变温度随 DM 作用的增大而增大的规律。

最后，我们可以利用螺旋模量方法来确定相变温度。如前几章所述，图 5-13 中，从所取最大晶格 $L=48$ 的 $\Upsilon(T)$ 和直线 $2k_BT/\pi$ 交叉点，得到了临界温度的值 $T_c=2.05$。利用同样的方法，最终得到了不同 DM 作用下的相变温

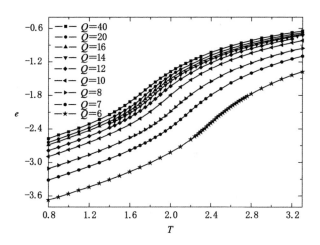

图 5-16   不同螺旋周期情况下的能量密度随温度的变化

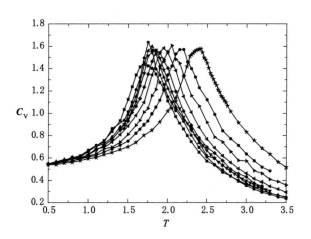

图 5-17   不同螺旋周期情况下的比热随温度的变化
（符号与图 5-16 所示一致）

度,如图 5-18 所示。非常有意思的是,我们发现相变温度与 $\sqrt{1+2d^2}$ 成线性关系,即 $T_{\mathrm{C}} \propto \sqrt{1+2d^2}$,如图 5-19 所示。这一结论与含有 DM 作用项的量子海森堡自旋玻璃模型在经典极限情况下由平均场近似法所得的结果非常相似[79]。

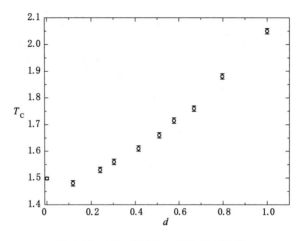

图 5-18   不同 DM 作用下的相变温度

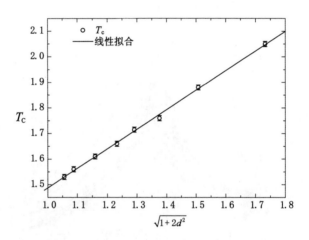

图 5-19   相变温度随 $\sqrt{1+2d^2}$ 的线性行为

5.4   本章小结和讨论

本章中,我们介绍了一套蒙特卡罗 Swendsen-Wang 团簇算法,并利用该算法模拟计算了平面转子模型中 DM 作用对热动力学量和临界行为的影响。主要的新结论如下:

(1) 首次将 Swendsen-Wang 团簇算法应用到各向异性 DM 作用下的平面

转子模型的研究中,计算了关联时间,验证了这套算法的正确性并证实了比单自旋算法更加有效和快速。

(2)介绍了基态的螺旋有序的自旋结构,发现由 DM 作用导致的自旋周期性排列的一般规律,从理论推导和模拟两方面分别得到自旋排列的周期性大小。并且研究了该模型的动力学和涡旋特征,获得了不同 DM 作用下的涡旋密度。

(3)模拟计算了热动力学量如比热、能量、序参数以及螺旋模量,我们发现序参数在该模型中失效,不能用来描述 BKT 相变,螺旋模量出现负值。通过对边界条件以及自旋结构的分析,我们解释了造成这种现象的原因是所取系统尺寸和边界条件以及自旋排列的周期性之间的不匹配。并分析了这种不匹配效应对有限尺寸计算结果的影响。

(4)探讨了有限尺寸标度定律在 DM 作用下的普适规律,验证了 DM 作用下的相变行为类似于 XY 类型的 BKT 相变,但临界指数又有所不同。

(5)基于自旋排列的一般规律,给出了解决不匹配效应的途径,通过有效的螺旋模量方法,得到了不同 DM 作用下的相变温度,并且发现了相变温度与 DM 作用之间的一种线性关系。为探讨各向异性作用下低维磁性系统的一般规律提供了理论依据。

找出连续相变中的序参数,研究它的变化规律,是相变理论的重要任务。虽然序参量的结构很不一样,但在临界点上其绝对值连续地趋于零这一点是共同的。尽管形式上已经证实了 DM 作用引起的螺旋相类似于 XY 类型的相变,但是,传统的描述 BKT 相变的序参数已不适用于 DM 作用下的系统,再者,实验上由于不同材料的结构差异导致测量出的结果不尽相同,因此目前无法从量上来详细描述这种相变行为。尽管在某些特殊模型中可以考虑系统的对称性,经过适当的变换,将 DM 作用项演化到普通的海森堡模型中[147],然而如何找到恰当的序参数来描述这种相变行为依然是一个未解之谜。基于 DM 作用的表达形式,从手征性方面入手,构建合适的手性参量也许是一个可行的路径。

参 考 文 献

[1] 徐钟济. 蒙特卡罗方法[M]. 上海：上海科学技术出版社，1985.

[2] 裴鹿成，张孝泽. 蒙特卡罗方法及其在粒子输运问题中的应用[M]. 北京：科学出版社，1980.

[3] CALLEN H. Introduction to thermodynamics and thermostatics[M]. 2nd Ed. New York：Wiely，1985.

[4] LANDAU D P，BINDER K. A guide to Monte Carlo simulations in statistical physics[M]. Cambridge：The United Kingdom at the Cambridge University Press，2000.

[5] KALOS M H，WHITLOCK P A. Monte Carlo methods[M]. New York：Wiley and Sons，1986.

[6] BINDER K，HEERMANN D W. Monte Carlo simulation in statistical physics：an introduction[M]. Berlin & New York：Springer，2002.

[7] STAUFFER D，AHARONY A. Introduction to percolation theory[M]. London，Washington DC ：Taylor & Francis，1992：19-39.

[8] HOSHEN J，KOPELMAN R. Cluster multiple labeling technique and critical concentration algorithm[J]. Physical review B，1976，14：3438-3445.

[9] METROPOLIS N，ROSENBLUTH A W，ROSENBLUTH M N，et al. Equation of state calculations by fast computing machines[J]. Journal of chemical physics，1953，21：1087-1092.

[10] WHITMER C. Over-relaxation methods for Monte Carlo simulations of

quadratic and multiquadratic actions[J]. Physical review D, 1984, 29: 306-311.

[11] CREUTZ M. Overrelaxation and Monte Carlo simulation[J]. Physical review D, 1987, 36: 515-519.

[12] APOSTOLAKIS J, BAILLIE C F, FOX G C. Investigation of the two-dimensional O(3) model using the overrelaxation algorithm[J]. Physical review D, 1991, 43: 2697-2693.

[13] BROWN F R, WOCH T J. Overrelaxed Heat-Bath and Metropolis algorithms for accelerating pure Gauge Monte Carlo calculations[J]. Physical review letters, 1987, 58: 2394-2396.

[14] SWENDSEN R H, WANG J S. Nonuniversal critical dynamics in Monte Carlo simulations[J]. Physical review letters. 1987, 58: 86-88.

[15] WOLFF U. Collective Monte Carlo updating for spin systems[J]. Physical review letters, 1989, 62: 361-364.

[16] FERRENBERG A M, SWENDSEN R H. New Monte Carlo technique for studying Phase transitions [J]. Physical review letters, 1988, 61: 2635-2638.

[17] FERRENBERG A M, SWENDSEN R H. Optimized Monte Carlo data analysis[J]. Physical review letters, 1989, 63: 1195-1198.

[18] SWENDSEN R H, WANG J S. Replica Monte Carlo simulation of spinglasses[J]. Physical review letters, 1986, 57: 2607-2609.

[19] WANG J S, TAY T K, SWENDSEN R H. Transition matrix Monte Carlo reweighting and dynamics[J]. Physical review letters, 1999, 82: 476-479.

[20] PAWLEY G S, SWENDSEN R H, WALLACE D J, et al. Monte Carlo renormalization-group calculations of critical behavior in the simple-cubic Ising model[J]. Physical review letters, 1984, 29: 4030-4040.

[21] PROKOFEV N V, SVISTUNOV B V, TUPITSYN I S. Exact, complete, and universal continuous time worldline Monte Carlo approach to the statistics of discrete quantum systems[J]. Soviet physics-JETP, 1998, 87: 310-315.

[22] WANG F, LANDAU D P. Efficient, multiple-range random walk algorithm to calculate the density of states[J]. Physical review letters, 2001, 86: 2050-2053.

[23] GREEN M S, FISHER M E. In critical phenomena[M]. New York : Aca-

demic,1971.

[24] FISHER M E,BARBER M N. Scaling Theory for finite-Size effects in the critical region[J]. Physical review letters,1972,28:1516-1519.

[25] BINDER K. Critical properties from Monte Carlo coarse graining and renormalization[J]. Physical review letters,1981,47:693-696.

[26] LANDAU D P. Finite-size behavior of the Ising square lattice[J]. Physical review B,1976,13:2997-3011.

[27] LANDAU D P. Finite-size behavior of the simple-cubic Ising lattice[J]. Physical review B,1976,14:255-262

[28] LANDAU D P,BINDER K. Monte Carlo study of surface phase transitions in the three-dimensional Ising model[J]. Physical review B,1990,41:4633-4645.

[29] BINDER K,LANDAU D P,KROLL D M. Critical wetting with short-Range forces:is mean-field theory valid? [J]. Physical review letters,1986,56:2272-2275.

[30] LIU A J,FISHER M E. On the corrections to scaling in three-dimensional Ising models[J]. Journal of statistical physics,1990,58:431-442.

[31] FERRENBERG A M,LANDAU D P,BINDER K. Statistical and systematic errors in Monte Carlo simulations[J]. Journal of statistical physics,1991,63:867-882.

[32] FERRENBERG A M,LANDAU D P. Critical behavior of the three-dimensional Ising model:A high-resolution Monte Carlo study[J]. Physical review B,1991,44:5081-5091.

[33] BINDER K. Finite size scaling analysis of Ising model block distribution Functions[J]. Zeitschrift für physik B,1981,43:119-140.

[34] LEE D H,JOANNOPOULOS J D,NEGELE J W,et al. Symmetry analysis and Monte Carlo study of a frustrated antiferromagnetic planar (XY) model in two dimensions[J]. Physical review B,1986,33:450-475.

[35] BRAMWELL S T,HOLDSWORTH P C W. Magnetization:a characteristic of the Kosterlitz-Thouless-Berezinskii transition[J]. Physical review B,1994,49:8811-8814.

[36] NELSON D R,KOSTERLITZ J M. Universal jump in the superfluid density of two-dimensional superfluids[J]. Physical review letters,1977,39:1201-1205.

[37] OHTA T,JASNOW D. XY model and the superfluid density in two dimensions[J]. Physical review B,1979,20:139-146.

[38] BISHOP D J,REPPY J D. Study of the superfluid transition in two-dimensional he films[J]. Physical review letters,1978,40:1727-1730.

[39] RESNICK D J,GARLAND J C,BOYD J T,et al. Kosterlitz-thouless transition in proximity-coupled superconducting arrays[J]. Physical review letters,1981,47:1542-1545.

[40] MINNHAGEN P. The two-dimensional Coulomb gas,vortex unbingding, and superfluid-superconducting films[J]. Reviews of modern physics, 1987,59:1001-1066.

[41] MERMIN N D,WAGNER H. Absence of ferromagnetism or antiferromagnetism in one- or two-dimensional isotropic Heisenberg models[J]. Physical review letters,1966,17:1133-1136.

[42] BEREZINSKII V L. Destruction of long-range order in one-dimensional and two-dimensional systems having a continuous symmetry group I. classical systems[J]. Soviet physics-JETP,1971,32(3):493-500.

[43] KOSTERLITZ J,THOULESS D. Ordering,Metastability and phase transitions in two-dimensional systems[J]. Journal of physics C: solid state physics,1973,6:1183-1203.

[44] ROMANO S. Computer simulation study of a disordered two-dimensional nematogenic lattice model with long range interactions isotropic in spin space[J]. International journal of modern physics B,1997,11:919-928.

[45] ROMANO S,ZAGREBNOV V. Computer simulation study of classical spin models in two dimensions with long-range ferromagnetic interactions anisotropic in spin space[J]. International journal of modern physics B, 1998,12:1871-1885.

[46] CAPRIOTTI L,VAIA R,CUCCOLI A,et al. Phase transitions induced by easy-plane anisotropy in the classical Heisenberg antiferromagnet on a triangular lattice:a Monte Carlo simulation[J]. Physical review B,1998, 58:273-281.

[47] WEIGEL M,JANKE W. The square-lattice F model revisited:a loop-cluster update scaling study[J]. Journal of physics A,2005,38:7067-7072.

[48] MAGGIORE M. The atick-witten free energy,closed tachyon condensation and deformed poincare symmetry[J]. Nuclear physics B,2002,647:

69-100.

[49] GUPTA R,BAILLIE C F. Critical Behavior of the Two-Dimensional XY model[J]. Physical review B,1992,45:2883-2898.

[50] ZHENG B,SCHULZ M,TRIMPER S. Dynamic simualtions of the kosterlitz-thoules phase transition [J]. Physical review E, 1999, 59: R1351-R1354.

[51] CAMPOSTRINI M,PELISSETTO A,ROSSI P,et al. Strong-coupling analysis of two-dimensional O(N) σ models with $N>2$ on square,triangular,and honeycomb lattices[J]. Physical review B,1996,54:7301-7317.

[52] HASENBUSCH M,PINN K. Computing the roughening transition of ising and solid-on-solid models by bcsos model matching[J]. Journal of physics A,1997,30:63-68.

[53] WYSIN G M. Vacancy effects in an easy-plane Heisenberg model:Reduction of Tc and doubly charged vortices[J]. Physical review B, 2005, 71:094423.

[54] KOSTERLITZ J M. The critical properties of the two-dimensional XY model[J]. Journal of physics C:solid state physics,1974,7:1046-1060.

[55] TOBOCHNIK J,CHESTER G V. Monte-Carlo study of the planar spin model[J]. Physical review B,1979,20:3761-3769.

[56] DZYALOSKINSHY I. A thermodynamic theory of "weak" ferromagnetism of antiferromagnetics[J]. Physics and chemistry of solid state,1958, 4:241-255.

[57] ANDERSON P W. New approach to the theory of superexchange interactions[J]. Physical review,1959,115:2-13.

[58] MORIYA T. New mechanism of anisotropic superexchange interaction [J]. Physical review letters,1960,4:228-230.

[59] MORIYA T. Anisotropic superexchange interaction and weak ferromagnetism[J]. Physics review,1960,120:91-98.

[60] CASTNER JR T G,SEEHRA M S. Antisymmetric exchange and exchange-narrowed electron-paramagnetic-resonance linewidths[J]. Physical review B,1971,4(1):38.

[61] DRUMHELLER J E,DICKEY D H,REKLIS R P,et al. Exchange-energy constants in some $S=1/2$ two-dimensional heisenberg ferromagnets[J]. Physical review B,1972,5:4631-4636.

[62] SEEHRA M S, CASTNER T G. Study of the ordered magnetic state of copper formate tetrahydrate by antiferromagnetic resonance[J]. Physical review B, 1970, 1: 2289-2303.

[63] CINADER G. Effect of antisymmetric exchange interaction on the magnetization and resonance in antiferromagnets[J]. Physics review, 1966, 155: 453-457.

[64] FAIRALL C W, COWEN J A. Phase transitions in the canted antiferromagnet[J]. Physical review B, 1970, 2: 4636-4640.

[65] LIU LL. Effect of antisymmetric interactions on critical phenomena: a system with helical ground State[J]. Physical review letters, 1973, 31: 459-462.

[66] RICARDO de SOUSA J, DE ALBUQUERQUE D F, FITTIPALDI I P. Tricritical behavior of a Heisenberg model with Dzyaloshinsky-Moriya interaction[J]. Physics letters A, 1994, 191: 275-278.

[67] RICARDO de SOUSA J, LACERDA F, FITTIPALDI I P. Thermal behavior of a Heisenberg model with DM interaction[J]. Journal of magnetism and magnetic materials, 1995, 140-144: 1501-1502.

[68] RICARDO de SOUSA J, LACERDA F, FITTIPALDI I P. Thermodynamic properties of the anisotropic Heisenberg model with Dzyaloshinsky-Moriya interaction[J]. Physica A, 1998, 258: 221-229

[69] LACERDA F, RICARDO DESOUSA J, FITTIPALDI I P. Thermodynamical properties of a Heisenberg model with Dzyaloshinski-Moriya interactions[J]. Journal of applied physics, 1994, 75: 5829.

[70] CALVO M. Exact equivalence of the Dzialoshinski-Moriya exchange interaction and quadratic spin anisotropies[J]. Joural of physics C, 1981, 14: L733-L736.

[71] KLEIN L, AHARONY A. Crossover and multicriticality due to the Dzyaloshinsky-Moriya interaction[J]. Physical review B, 1991, 44: 856-858.

[72] FERT A, LEVY P M. Role of anisotropic exchange interactions in determining the properties of spin-Glasses[J]. Physical review letters, 1980, 44: 1538-1541.

[73] LEVY P M, FERT A. Anisotropy induced by nonmagnetic impurities in Cu Mn spin-glass alloys[J]. Physical review B, 1981, 23: 4667-4690.

[74] SCHULTZ S, GULLIKSON E M, FREDKIN D R. et al. Simultaneous

ESR and magnetization measurements characterizing the spin-glass state [J]. Physical review letters,1980,45:1508-1512.

[75] KENNING GG,CHU D,ORBACH R. Irreversibility crossover in a Cu: Mn spin glass in high magnetic fields:evidence for the Gabay-Toulouse transition[J]. Physical review letters,1991,66:2923-2926.

[76] KATZGRABER H G,PALASSINI M,YOUNGA P. Monte Carlo simulations of spin glasses at low temperatures[J]. Physical review B,2001,63: 184422.

[77] DOMANY E,HED G,PALASSINI M,et al. State hierarchy induced by correlated spin domains in short-range spin glasses[J]. Physical review B,2001,64:224406.

[78] GOLDBART P M. The Dzyaloshinskii-Moriya spin glass with uniaxial anisotropy[J]. Journal of physics C,1985,18:2183-2196.

[79] YI L,BUTTNER G,USADEL K D,et al. Quantum Heisenberg spin glass with Dzyaloshinskii-Moriya interactions[J]. Physical review B,1993,47: 254-261.

[80] SHANG Y M,YI L,YAO K L. Quantum XY spin glass model with planar Dzyaloshinskii-Moriya interactions in longitudinal field[J]. European physical journal B,1999,8:335-338.

[81] XIONG Y S,YI L,YAO K L. Static thermodynamic quantities of quantum Heisenberg spin glasses with anisotropic interaction in applied magnetic fields[J]. Physical review B,1995,51:972-976.

[82] SHANG Y M,YAO K L. Influence of uniaxial anisotropy on a quantum XY spin-glass model with ferromagnetic coupling[J]. Physical review B, 2001,68:054410.

[83] SMITH D F,SLICHTER C P. Precise determination of the orientation of the dzialoshinskii-moriya vector in κ-(BEDT-TTF)$_2$Cu[N(CN)$_2$]Cl[J]. Physical review letters,2004,93:167002.

[84] SMITH D F,DESOTO S M,SLICHTER C P,et al. Dzialoshinskii-Moriya interaction in the organic superconductor κ-(BEDT-TTF)$_2$Cu[N(CN)$_2$] Cl[J]. Physical review B,2003,68:024512-024521.

[85] MIYAGAWA K,KAWAMOTO A,NKAZAWA Y,et al. Antiferromagnetic ordering and spin structure in the organic conductor, κ-(BEDT-TTF)$_2$Cu[N(CN)$_2$]Cl[J]. Physical review letters,1995,75:1174-1177.

[86] BAK P,JENSEN M H. Theory of helical magnetic structures and phase transitions in MnSi and FeGe [J]. Journal of physics C, 1980, 13: L881-L885.

[87] NAKANISHI O,YANASE A,HASEGAWA A,et al. The origin of the helical spin density wave in MnSi[J]. Solid state communications,1980, 35:995-998.

[88] SHIRANE G,COWLEY R,MAJKRZAK C. Spiral magnetic correlation in cubic MnSi[J]. Physical review B,1983,28:6251-6255.

[89] ARISTOV D N,MALEYEV S V. Spin chirality induced by the Dzyaloshinskii-Moriya interaction and polarized neutron scattering[J]. Physical review B,2000,62:R751-754.

[90] ISHIMOTO K,YAMAGUCHI Y,SUZUKI J,et al. Small-angle neutron diffraction from the helical magnet $Fe_{0.8}Co_{0.2}Si$[J]. Physical review B, 1995,213-214:381-383.

[91] UCHIDA M,ONOSE Y,MATSUI Y,et al. Real-space observation of helical spin order[J]. Science,2006,311:359-361.

[92] TAKEDA K,URYU N,UBUKOSHI,K,et al. Critical exponents in the frustrated heisenberg antiferromagnet with layered-triangular lattice: VBr_2[J]. Journal of the physical society of Japan,1986,55:727-730.

[93] KADOWAKI H,UBUKOSHI K,HIRAKAWA K,et al. Experimental study of new type phase transition in triangular lattice antiferromagnet VCl_2[J]. Journal of the physical society of Japan,1988,56:4027-4039.

[94] WOSNITZA J,DEUTSCHMANN R,LOHNEYSEN H,et al. The specific heat and critical behaviour of VBr_2,a Heisenberg antiferromagnet with chiral symmetry [J]. Journal of physics: condensed matter, 1994, 6: 8045-8050.

[95] BECKMANN D,WOSNITZA J,LOHNEYSEN H V. Crossover to chirality in the critical behavior of the easy-axis antiferromagnet $CsNiCl_3$[J]. Physical review letters,1993,71:2829-2832.

[96] ENDERLE M,FURTUNA G,STEINER M. Chiral universality in $CsMnI_3$ and $CsNiCl_3$ [J]. Journal of physics: condensed matter, 1994, 6: L385-L390.

[97] ENDERLE M,SCHNEIDER R,MATSUOKA Y,et al. Chiral critical behaviour in $CsNiCl_3$[J]. Physica B,1997,234-236:554.

[98] YELON W B,COX D E. Magnetic ordering in RbNiCl₃[J]. Physical review B,1972,6:204-208.

[99] MEKATA M,AJIRO Y,SUGINO T,et al. Relativistic spin-polarized single site scattering theory[J]. Journal of magnetism and magnetic materials,1995,140-144:37-38.

[100] SCHOTTE U,STUSSER N,SCHOTTE K D,et al. On the field-dependent magnetic structures of CsCuCl₃[J]. Journal of physics condensed matter,1994,6:10105-10119.

[101] STUSSER N,SCHOTTE U,SCHOTTE K D,et al. Neutron diffraction on the field-dependent magnetic structures of CsCuCl₃[J]. Physica B, 1995,213:164-166.

[102] WEBER H B,WERNER T,WOSNITZA J,et al. Magnetic phases of CsCuCl₃:anomalous critical behavior[J]. Physical review B,1996,54: 15924-15927.

[103] JAYASURIYA K D,CAMPBELL S J,STEWART A M. Magnetic transitions in dysprosium:A specific-heat study[J]. Physical review B,1985, 31:6032-6046.

[104] KAWAMURA H. Universality of phase transitions of frustrated antiferromagnets [J]. Journal of physics:condensed matter, 1998, 10: 4707-4754.

[105] LEONEL S A,COURA P Z,PEREIRA A R,et al. Monte Carlo study of the critical temperature for the planar rotator model with nonmagnetic impurities[J]. Physical review B,2003,67:104426.

[106] SUN Y Z, YI L, WYSIN G M. Berezinskii-Kosterlitz-Thouless phase transition for the dilute planar rotator model on a triangular lattice[J]. Physical review B,2008,78:155409.

[107] WYSIN G M. Vacancy effects in an easy-plane Heisenberg model:reduction of Tc and doubly charged vortices[J]. Physical review B, 2005, 71:094423.

[108] WYAIN G M,PEREIRA A R,MARQUES I A,et al. Extinction of the Berezinskii-Kosterlitz-Thouless phase transition by nonmagnetic disorder in planar symmetry spin models [J]. Physical review B, 2005, 72:094418.

[109] CASTRO L M,PIRES A S T,PLASCAK J A. Low-temperature ther-

modynamic study of the diluted planar rotator model using a self-consistent harmonic approximation[J]. Journal of magnetism and magnetic materials ,2002,248:62-67.

[110] LOZOVIK Y E,POMIRCHI L M. Kosterlitz-Thouless transition in a system with percolation[J]. Physics of the solid state,1993,35(9):1248-1250.

[111] SYKES M F,ESSAM J W. Exact critical percolation probabilities for site and bond problems in two dimensions[J]. Journal of mathmatical physics,1964,5:1117.

[112] LEUNG P W,HENLEY C L. Percolation properties of the Wolff clusters in planar triangular spin models[J]. Physical review B,1991,43:752-759.

[113] MÓL L A S,PEREIRA A R,CHAMATI H,et al. Monte Carlo study of 2D generalized XY models[J]. European physical journal B,2006,50:541-548.

[114] WEBER H,MINNHAGEN P. Monte Carlo determination of the critical temperature for the two-dimensional XY model[J]. Physical review B,1988,37:5986-5989.

[115] LI Y H, TEITEL S. Finite-size scaling study of the three-dimensional classical XY model[J]. Physical review B,1989,40:9122-9125.

[116] OLSSON P. Two Phase transitions in the fully frustrated XY model[J]. Physical review letters,1995,75:2758-2761.

[117] VAN HIMBERGEN J E,CHAKRAVARTY S. Helicity modulus and specific heat of classical XY model in two dimensions[J]. Physical review B,1981,23:359-361.

[118] LEE D H,JOANNOPOULOS J D,NEGELE J W,et al. Symmetry analysis and Monte Carlo study of a frustrated antiferromagnetic planar (XY) model in tow dimensions [J]. Physical review B, 1986, 33:450-475.

[119] FERER M,VELGAKIS M J. High-temperature critical behavior of two-dimensional planar models:a series investigation[J]. Physical review B,1983,27:314-325.

[120] BUTERA P, COMI M. High-temperature study of the Kosterlitz-Thouless phase transition in the XY model on the triangular lattice[J].

Physical review B,1994,50:3052-3057.

[121] CAMPOSTRINI M,PELISSETTO A,ROSSI P,et al. Strong-coupling analysis of two-dimensional O(N) σ models with $N \leqslant 2$ on square,triangular, and honeycomb lattices [J]. Physical review B, 1996, 54: 7301-7317.

[122] SUN Y Z,YI L,GAO Y H. Thermodynamic and critical properties of dilute XY magnets:Monte Carlo study[J]. Solid state communications, 2009,149:1000.

[123] SUN Y Z,LIANG J C,XU S L,et al. Berezinskii-Kosterlitz-Thouless phase transition of 2D dilute generalized XY model[J]. Physica A,2010, 389:1391-1399.

[124] ROMANO S,ZAGREBNOV V. On the XY model and its generalizations[J]. Physics letters A,2002,301:402-407.

[125] MÓL L A S,PEREIRA A R,MOURA-MELO W A. On phase transition and vortex stability in the generalized XY models[J]. Physics letters A, 2003,319:114-121.

[126] CHAMATI H,ROMANO S,MÓL L A S,et al. Three dimensional generalized xy models:a Monte Carlo study[J]. Europhysics letters,2005, 72:62-68.

[127] SUN Y Z,WU Q,LI J Y,et al. Thermodynamic quantities and phase transition of a generalized XY model on triangular lattice[J]. Earth and environmental science,2018,128:012106.

[128] PEREIRA A R,MOL L A S,LEONEL S A,et al. Vortex behavior near a spin vacancy in two-dimensional XY magnets[J]. Physical review B, 2003,68:132409.

[129] PAULA F M,PEREIRA A R, MOL LA S. Diluted planar ferromagnets:nonlinear excitations on a non-simply connected manifold [J]. Physics letters A,2004,329:155-161.

[130] SUN Y Z,TAN Y R,CHEN F M. Critical properties of a generalized planar rotator model[J]. Communications in theoretical physics,2012, 57:893-896.

[131] L A S,PEREIRA A R, MOURA-MELO W A. Oscillating solitons pinned to a nonmagnetic impurity in layered antiferromagnets[J]. Physical review B,2003,67:132403.

[132] FALO F,FLORIA L M,NAVARRO R. Monte Carlo simulations of fi-nite-size effects in Kosterlitz-Thouless systems[J]. Journal physics:con-densed matter,1989,1:5139-5150.

[133] FERER M,VELGAKIS M J. High-temperature critical behavior of two-dimensional planar model:A series investigation[J]. Physical review B,1983,27:314-325.

[134] INAMI T,MORIMOTO T,NISHIYAMA M,et al. Magnetic ordering in the kagomé lattice antiferromagnet $KCr_3(OD)_6(SO_4)_2$[J]. Physical re-view B,2001,64:054421.

[135] INAMI T,NISHIYAMA M,MAEGAWA S,et al. Magnetic structure of the kagomé lattice antiferromagnet potassium jarosite $KFe_3(OH)_6$ $(SO_4)_2$[J]. Physical review B,2000,61:12181-12186.

[136] WILLS A S. Long-range ordering and representation alanalysis of the jarosites[J]. Physical review B,2001,63:064430.

[137] KOSHIBAE W, OHTA Y, MAEKAWA S. Electronic and magnetic structures of cuprates with spin-orbit interaction[J]. Physical review B,1993,47:3391-3400.

[138] COOMER F, HARRISON A, OAKLEY G S,et al. Inelastic neutron scattering study of magnetic excitations in the kagome antiferromagnet potassium jarosite[J]. Journal physics:condensed matter,2006,18:8847-8858.

[139] VEDMEDENKO E Y, UDVARDI L, WEINBERGER P,et al. Chiral magnetic ordering in two-dimensional ferromagnets with competing Dzyaloshinsky-Moriya interactions [J]. Physical review B, 2007, 75:104431.

[140] ELHAJAL M,CANALS B,LACROIX C. Symmetry breaking due to Dzyaloshinsky-Moriya interactions in the kagomé lattice[J]. Physical re-view B,2002,66:014422.

[141] YILDIRIM T,HARRIS A B. Magnetic structure and spin waves in the Kagomé jarosite compound $KFe_3(SO_4)_2(OH)_6$[J]. Physical review B,2006,73:214446.

[142] MATAN K,GROHOL D,NOCERA D G,et al. Spin waves in the frus-trated kagomé lattice antiferromagnet $KFe_3(OH)_6(SO_4)_2$[J]. Physical review letters,2006,96:247201.

[143] BENYOUSSEF A,BOUBEKRI A,EZ-ZAHRAOUY H. Spin-wave analysis of the XXZ Heisenberg model with Dzyaloshinskii-Moriya interaction[J]. Physica B,1999,266:382-390.

[144] ZHAO J Z,WANG X Q,XIANG T,et al. Effects of the Dzyaloshinskii-moriya interaction on low-energy magnetic excitations in copper benzoate[J]. Physical review letters,2003,90:207204.

[145] SUN Y Z,YI L,WANG J S. Effects of Dzyaloshinsky-Moriya interaction on planar rotator model on triangular lattice[J]. Communications in computational physics,2012,11:1169.

[146] PIRESA S T. Kosterlitz-Thouless transition in the Heisenberg model with antisymmetric exchange interaction[J]. Solid state communcations,1999,112:705 706.

[147] LEE K W,LEE C E. Monte Carlo study of the Kosterlitz-Thouless transition in the Heisenberg model with antisymmetric exchange interactions[J]. Physical review B,2005,72:054439.

[148] SUN Y Z,LIU H P,YI L. Monte-Carlo study of planar rotator model with weak Dzyaloshinsky-Moriya interaction[J]. Communications of theoretical physics,2006,46:663-667.

[149] LIU H P,SUN Y Z,YI L. New Monte-Carlo simulation to a generalized XY model[J]. Chinese physics letters,2006,23:316-319.

[150] FRANZESE G,CATAUDELLA V,KORSHUNOV S E,et al. Fully frustrated XY model with next-nearest-neighbor interaction[J]. Physical review B,2000,62:R9287-R9290.

[151] KORSHUNOV S E. Kink Pairs unbinding on domain walls and the sequence of phase transitions in fully frustrated XY models[J]. Physical review letters,2002,88:167007.

[152] KAWAMURA H. Critical properties of helical magnets and triangular antiferromagnets[J]. Journal of applied physics,1988,63:3086.

[153] SASLOW W M,GABAY M,ZHANG W M. "Spiraling" algorithm:Collective Monte Carlo trial and self-determined boundary conditions for incommensurate spin systems[J]. Physical review letters, 1992, 68: 3627-3630.

[154] DIEP H T. Magnetic transitions in helimagnets[J]. Physical review B,1989,39:397.

[155] WYSIN G M,BISHOP A R. Dynamic correlations in a classical two-dimensional Heisenberg antiferromagnet[J]. Physical review B,1990,42: 810-819.

[156] ARISTOV D N,MALEYEV S V. Spin chirality induced by the Dzyaloshinskii-Moriya interaction and polarized neutron scattering[J]. Physical review B,2000,62:R751-R754.

[157] SCHOTTE U, KELNBERGER A, STSSER N. Fluctuation-induced phase in CsCuCl$_3$ in a transverse magnetic field:experiment[J]. Journal of physics:condensed matter,1998,10:63916404.

[158] BIEGAL L,SZNAJD J. On the spin dynamics of 2D ferromagnets with Dzyaloshinsky-Moriya interaction[J]. Physica A,1994,209:422-430.

附　　录

　　程序说明：此程序包采用 C 语言编写，内容包括了 Metropolis 算法、超弛豫算法、Swendsen-Wang 算法、Wolff 算法，边界条件采取了周期性边界条件，以平面转子模型为例，子程序含能量、磁化强度、比热、磁化率、涡旋、螺旋模量、Binder 四阶累积量等物理量的计算。在程序的编写过程中得到新加坡国立大学王建生教授和美国堪萨斯州立大学的 Wysin 教授的帮助，对此表示感谢。

```
/ *
Planar rotator model H = −J Sum_<ij> cos(s_i − s_j), s_i is angle
(real number mod 2pi).    We set J=1 so that there is only one model parame-
ter Del.
* /

# include <stdio. h>
# include <stdlib. h>
# include <math. h>
# include <assert. h>
# include <time. h>

# ifndef M_PI
# define M_PI 3. 14159265358
# endif
```

```
typedef double      real;
typedef real        spin;
double drand64(void);
void srand64(int seed, FILE * fp);
real Del;
real DS;
int   D;
```

```
/ *
```

neighbor() returns in the array nn[ ] the neighbor sites of i.　The sites are labelled sequentially, starting from 0.　It works for any hypercubic lattice.　Z is the coordination number.

```
* /
```

```
void neighbor(int i, int L, int nn[ ])
{
int j, r, p, q;
    r =i;
    p = 1 - L;
    q = 1;
for(j = 0; j < 2 * D; j += 2) {
nn[j] = (r + 1) % L == 0 ? i + p : i + q;
nn[j+1]      = r % L == 0 ? i - p : i - q;
        r = r/L;
p *= L;
        q *= L;
    }
}
```

```
/ *
```

Calculation of the vorticity.

```
*/
void neighbor1(int i, int L, int nnn[ ])
{
nnn[0]=i+1;      //right                          i ------> nnn[0]
//                                      |        |
nnn[1]=i+L;      // down                          nnn[1]--> nnn[2]
nnn[2]=i+L+1;   // right-down
}


#define ZMAX    (10)
/*
Metropolis algorithm.
*/

void metrop(spin * s, int L, int step, real T,real DA)
{
int nn[ZMAX];
int mc, i, d, N;
real s0, sp, e;

   N = 1;
for(d = 0; d < D; ++d) {
      N = N * L;
   }
for(mc = 0; mc < step; ++mc) {
for(i = 0; i < N; ++i) {
neighbor(i, L, nn);
        s0 = s[i];
sp = s0 + DS * (2.0 * drand64()-1.0);
        e = 0.0;
for(d = 0; d < D; ++d) {
   e += (-cos(sp-s[nn[2 * d]])-Del)
```

```
        + cos(s0−s[nn[2 * d]]−Del)
            −cos(s[nn[2 * d+1]]−sp−Del)
            +cos(s[nn[2 * d+1]]−s0−Del));
            }


    if (e <= 0.0 || drand64() < exp(−e/T)) {
    if(sp < 0.0) {
    sp += 2.0 * M_PI;
                }
    if(sp > 2.0 * M_PI) {
    sp −= 2.0 * M_PI;
                }
    s[i] = sp;
    //printf(" sp= %f s(i)=%f\n", sp,s[i]);
                }
            }
        }
}



double angle(double x, double y)
{
double theta;
if(x>0.0 && y>=0.0) theta=atan(y/x);
if(x<0.0 && y<=0.0) theta=atan(y/x)+M_PI;
if(x>0.0 && y<=0.0) theta=atan(y/x)+2 * M_PI;
if(x<0.0 && y>=0.0) theta=atan(y/x)+M_PI;
return theta;
}



/ *
Overrelaxation algorithm.
* /
```

```
void overrelaxation(spin * s, int L,int N)
{
int nn[ZMAX];
int i,im;
double ss,sumcos,sumsin,e1,theta1,theta2;//s1,s11,s2;

i=N * drand64();
ss=s[i];
neighbor(i, L, nn);
e1=0.0;
sumcos=0.0;
sumsin=0.0;
for(im=0;im<4;++im){
e1+=-cos(s[i]-s[nn[im]]);
sumcos+=cos(s[nn[im]]);
sumsin+=sin(s[nn[im]]);
}
//printf("s1=%f,s11=%f\n",s1,s11);
theta1=2 * sumcos * (sumcos * cos(s[i])+sumsin * sin(s[i]))/(sumcos
* sumcos+sumsin * sumsin)-cos(s[i]);
theta2=2 * sumsin * (sumcos * cos(s[i])+sumsin * sin(s[i]))/(sumcos
* sumcos+sumsin * sumsin)-sin(s[i];
s[i]=angle(theta1,theta2);
if(s[i]<0) s[i]=s[i]+2 * M_PI;
}



/ *
Do one Swendsen-Wang move, the transform is s -> s + Pi. (flip s)
(Note that flip twice back to s, this is important)
list: working label
label: final label
```

```
    L: linear size
    N: lattice site (L^D)
 */


 int   * nu;
 int   * label;
 int   * list;

 void SwendsenW(spin * s, int L, int N, real T,real DA)
 {
 int i, ip, j, cnt, inc, a, b, min, max;
 int r, p, q;
 real P, Jeff;

 for(i = 0; i < N; ++i) {                         /* clear/initialize
list */
    list[i] = i;              /* initially each site is a cluster by itself */
        }                /* later, sitei has the same label as site list [i]
(recursively) */

    for(i = 0; i < N; ++i) {              /* for each site run over D direc-
tions */
    cnt = 0;                              /* cnt = d : direction
index */
         r =i;
         p = 1 - L;                              /* usep at periodic
boundary */
         q = 1; /* use q away from boundary */
    Repeat:
    /* D times */
    ip = (r + 1) % L == 0 ? i + p : i + q;   /* neighbor of i in positive
d */
         Jeff =cos(s[i]-s[ip]-Del);           /* effective Ising coupling
constant */
```

```
if(Jeff > 0.0) {
        P = 1.0 - exp(-2.0 * Jeff * DA/T);
    } else {
        P = 0.0;
    }
if(Jeff > 0.0 && drand64() < P) {   /* this avoid call drand64() if J<
0 */
        a = list[i];                              /* Hoshen-Ko-
pelman looping */
    while (a > list[a]) {                     /* run through until a == list
[a] */
            a - list[a];
        }
        b = list[ip];
    while (b > list[b]) {
            b = list[b];
        }
    if (a > b) {                              /* find min and max of two
labels */
    min = b;
    max = a;
            } else {
    min = a;
    max = b;
            }
    list[max] = min;
    list[i] = min;
        }
        ++cnt;
    if(cnt < D) {
            r = r/L;
    p *= L;
            q *= L;
    goto Repeat;
```

```
                }
            }
        assert(cnt == D);
        inc = 0;                    /* last sweep to make list pointing to the final label
*/
        for(i = 0; i < N; ++i) { /* also rename to sequential label 0 to no_cls
-1 */
        if(i == list[i]) {
        label[i] = inc;
                ++inc;                                          /* a
new cluster find */
            } else {
                j = list[i];
        while (j > list[j]) {
                    j = list[j];
                }
        assert(j < i);
        list[i] = j;
        label[i] = label[j];                              /* one of old
cluster */
                }
            }
        assert(inc <= N);

        for(j = 0; j < inc; ++j) {
        nu[j] = 0.5 + drand64();                      /* 0 or 1 with 1/2
prob */
            }
        for(i = 0; i < N; ++i) {                                      /
* update s */
        if(nu[label[i]]) {                              /* 0 or false, 1 for
true */
        s[i] += M_PI;
        if(s[i] > 2.0 * M_PI) {
```

```
    s[i] -= 2.0 * M_PI;                    /* so that 0 <= s[i] <=
2pi */
            }
        };
    }
}



/*
This part isWolff cluster code.
*/



int * clsites;
int * virgin;
void Wolff(spin * s, int L, int N, real T,real DA)
{
int nn[ZMAX];
int i,j,j0;
int update;
int NCL;
int kn;
int NS;
double de,p;
update=0;

while(update<(N>>2))
{
NS=0;
    j0=(int((double)N * drand64())%N;
i=0;
clsites[NS]=j0;
virgin[j0]=0;
    NS++;
```

```
while(i<NS)
  {
     j=clsites[i++];
for(kn=0;kn<4;kn++)
{
neighbor(j, L, nn);
de=cos(s[j]-s[nn[kn]]-Del);
if(virgin[nn[kn]])
{
if(de > 0.0) {
        p = 1.0 -exp(-2.0 * de * DA/T);
} else {
        p = 0.0;
      }
if(drand64() < p){
clsites[NS]=nn[kn];
virgin[nn[kn]]=0;
    NS++;
  }
}        / * end de * /
}        / * end virgin * /
  }        / * endfor() * /
}   / * endwhile(i<NS) * /
for(i=0;i<NS;I++){j=clsites[i];virgin[j]=1;}
NCL++;
update+=NS;

}   / * end update * /
} / * end main * /
```

```
/ *
This part of code is the calculation of system energy.
* /


real energy(spin s[], int L, int N,real DA)
{
int cnt, r, p, q, i, ip;
real eng;

eng = 0.0;
for(i = 0; i < N; ++i) {
cnt = 0;
        r =i;
        p = 1 - L;
        q = 1;
Repeat:
ip = (r + 1) % L == 0 ? i + p : i + q;   / * neighbor of i in positive
d * /
        eng += -cos(s[i]-s[ip]-Del);
        ++cnt;
if(cnt < D) {
        r = r/L;
p *= L;
        q *= L;
goto Repeat;
        }
    }
return eng;
}
```

```
/*
```

This part of the code is the calculation of thehelicity modulus of the spin
system.

Helicity modulus(REFERENCE:Phys. Rev. B37,5986(1988))

```
*/


real sumsin1(spin s[], int L, int N,real DA)
{
int i,ip,iq,r,p,q;
double ssin1;
ssin1=0.0;

for(i = 0; i < N; ++i) {

        r =i;
        p = 1 - L;
        q = 1;

ip = (r + 1) % L == 0 ? i + p : i + q;
iq = r % L == 0 ? i - p :  i - q;
        ssin1 += -sin(s[i]-s[ip]-Del);//+sin(s[i]-s[iq]-Del);
}
return ssin1;
}


real sumsin(spin s[], int L, int N,real DA)
{
int i,ip,iq,r,p,q;
double ssin;
ssin=0.0;

for(i = 0; i < N; ++i) {

        r =i;
```

```
        p = 1 - L;
        q = 1;
ip = (r + 1) % L == 0 ? i + p : i + q;
iq = r % L == 0 ? i - p :  i - q;
ssin += sin(s[i]-s[iq]-Del);//-sin(s[i]-s[ip]-Del);
}
return ssin;
}


double abss(double x)
{
double aa;
if(x>=0.0)
{
aa=x;
}
else{
aa=-x;
}
return aa;
}


/ *
vorticity by suming the angular changes around a plaquette
(Square lattice there)(REFERENCE:phys. rev. b71,094423(2005))
* /

int vortex(spin s[], int L, int N)
{
int nnn[ZMAX];
int i,vor;
real s1,s2,s3,s4,D_theta1,D_theta2,D_theta3,D_theta4,sum;
vor=0;
for(i=0;i<N-L;++i){
```

```
neighbor1(i, L, nnn);
if((i+1)%L! =0){
s1=s[i];
s2=s[nnn[0]];
s3=s[nnn[2]];
s4=s[nnn[1]];
        D_theta1=s1-s2;
        D_theta2=s2-s3;
        D_theta3=s3-s4;
        D_theta4=s4-s1;
//printf("D_theta1=%f\n",D_theta1);
//printf("1=%f,2=%f,3=%f,4=%f\n",D_theta1,D_theta2,D_the-
ta3,D_theta4);
if(D_theta1<-M_PI)
{
D_theta1+=2 * M_PI;
//printf("D_theta1=%f,s1-s2=%f,pi=%f\n",D_theta1,s1-s2,M_
PI);
}
else if(M_PI< D_theta1)
{
D_theta1-=2 * M_PI;
//printf("D_theta1111=%f,s1-s2=%f,pi=%f\n",D_theta1,s1-s2,2
* M_PI);
}

if(D_theta2<-M_PI)
{
D_theta2+=2 * M_PI;
}
else if(M_PI<D_theta2)
{
D_theta2-=2 * M_PI;
}
```

```
if(D_theta3<-M_PI)
{
D_theta3+=2 * M_PI;
}
else if(M_PI<D_theta3)
{
D_theta3-=2 * M_PI;
}

if(D_theta4<-M_PI)
{
D_theta4+=2 * M_PI;
}
else if(M_PI<D_theta4)
{
D_theta4-=2 * M_PI;
}

//printf("theta1=%f\n",D_theta1);
//printf("11=%f,22=%f,33=%f,44=%f\n",D_theta1,D_theta2,D_
theta3,D_theta4);
sum=D_theta1+D_theta2+D_theta3+D_theta4;
}else{
sum=0.0;
}
if(abss(abss(sum)-2 * M_PI) <= 0.02) vor +=1;
}
return vor;
}

/ *
Data saving.
* /
```

```
save(doubleT, int loop, double E, double Cv, double sus, double mav,
double mavv, double susx, double susy, double susall)
{
FILE * fp;
fp=fopen("1. dat", "a+");
fprintf(fp, "%f,%d, %f, %f, %f,%f, %f, %f,%f, %f\n", T, loop, E,
Cv, sus, mav, mavv, susx, susy, susall);
fclose(fp);
}
save0(double T, double u4)
{
FILE * fp;
fp=fopen("cumulent. dat", "a+");
fprintf(fp, "%f, %f\n", T, u4);
fclose(fp);
}

save1(double T, int t, double dat_E)
{
FILE * fp;
fp=fopen("time function E. dat", "a+");
fprintf(fp, "%f,        %d,        %f\n", T, t, dat_E);
fclose(fp);
}

save2(double T, double time_elapse)
{
FILE * fp;
fp=fopen("file—time33. dat", "a+");
fprintf(fp, "%f,        %f\n", T, time_elapse);
fclose(fp);
}
```

```c
save3(double T,double helicity,double helicity1,double helicity2,double
mt,double Tvor,double sumsus1,double sumsus2)
{
FILE * fp;
fp=fopen("helicity. dat","a+");
fprintf(fp,"%f,%f,%f,%f,%f,%f,%f,%f\n",T,helicity,helicity1,
helicity2,mt,Tvor,sumsus1,sumsus2);
fclose(fp);
}


/*
The main code.
*/

main(int argc, char * argv[])
{
int L, d, N, i;
int mc, MCDIS, MCSTEP, Tmax, interv,T_vor,svor;
int SW_Switch;
int overrelax;
int tpt, t, tt;
int loop, loop_MAX, power2k;
spin * s;
real T, * buffer_E;
real * f_E;
    doubleE_av, eng,u4,mobs,mob,m2m2,m2,ms,ee,sumsus1,sumsin_
1,sumsin_2,sumsus2;

    double helicity, helicity1, helicity2, mx, my, mxmx, mymy, Mag, fe,
mav,mavv,mt;
    real mc1,DD,DA;
    double mxx,myy,mx2,my2,susx,susy,susall;
    double  Cv, time_elapse,sus, dat_E;
    FILE * file_in, * file_out, * file_echo;
```

```
time_t time0, time1;

file_in = stdin;
file_out = file_echo = stdout;
if(argc >= 2) {
file_in = fopen(argv[1], "r");
assert(file_in ! = NULL);
    }
if(argc > 2) {
file_echo = stderr;
file_out = fopen(argv[2], "w");
assert(file_out ! = NULL);
    }
   D=2;
assert(2 * D <= ZMAX);
    L=8;
     T=0.8;
     DD=0.0;
DS=0.20;
SW_Switch=0;
overrelax=1;
   MCDIS=8000;
  MCSTEP=10000;
interv=2;
Tmax=100;
loop_MAX=32;

assert(interv > 0);
assert(MCDIS >= 0);
assert(MCSTEP > 0);
   MCSTEP = (MCSTEP/interv) * interv;

   N = 1;
for(d = 0; d < D; ++d) {
```

```
        N = N * L;
    }
  DA = sqrt(1+DD * DD);
  Del = acos(1.0/DA);


nu = malloc(sizeof(int) * N);
list = malloc(sizeof(int) * N);
label = malloc(sizeof(int) * N);
  s = malloc(sizeof(spin) * N);


srand64(time(NULL), file_out);
do {
for(i = 0; i < N; ++i) {
s[i] = 6.28 * drand64();
//printf( "i=%d, s(i)= %f\n",i,s[i]);
    }
//svor=vortex(s,L,N);
//printf("svor=%d\n",svor);
//getchar();
//   getchar();
//   SwendsenW(s, L, N, T,DA);
for(mc = 0; mc < MCDIS; ++mc) {
if(overrelax){
overrelaxation(s,L,N);
  }
metrop(s, L, 8, T,DA);


if(SW_Switch) {
SwendsenW(s, L, N, T,DA);
      }


    }
buffer_E = calloc(Tmax, sizeof(real));
f_E = calloc(Tmax, sizeof(real));
```

```
    time0 = time(NULL);
tpt = 0;
loop = 0;
    power2k = 1;
E_av = 0.0;
mobs=0.0;
    m2m2=0.0;
ms=0.0;
ee=0.0;
mob=0.0;
    sumsus1=0.0;
    sumsus2=0.0;
fe=0.0;
T_vor=0;
mxx=0.0;
    mx2=0.0;
myy=0.0;
    my2=0.0;
LOOP_BEGIN:
for(mc = 0; mc < MCSTEP; ++mc) {
if(overrelax){
overrelaxation(s, L, N);
    }
metrop(s, L, 8, T,DA);

if(SW_Switch) {
SwendsenW(s, L, N, T,DA);
        }
if(mc % interv ! = 0) {
continue;
        }
mx=0.0;
my=0.0;
mxmx=0.0;
```

```
mymy＝0.0;
  Mag＝0.0;
for(i＝0;i<N;＋＋i){
my＋＝sin(s[i]);
mymy＋＝sin(s[i]) * sin(s[i]);
mx＋＝cos(s[i]);
mxmx＋＝cos(s[i]) * cos(s[i]);
Mag ＋＝s[i];
  }


  m2＝(mx * mx＋my * my); / * M^2 * /
ms＋＝m2;            / * sum M^2 * /
mobs＋＝sqrt(m2);
mob＋＝sqrt(m2)/N;
  m2m2＋＝m2 * m2;


mxx＋＝mx;
myy＋＝my;
  mx2＋＝mx * mx;
  my2＋＝my * my;


    sumsin_1＝sumsin1(s,L,N,DA);
    sumsus1 ＋＝sumsin_1 * sumsin_1;
    sumsin_2＝sumsin(s,L,N,DA);
  sumsus2 ＋＝sumsin_2 * sumsin_2;


svor＝vortex(s,L,N);
T_vor＋＝svor;


eng ＝ energy(s, L, N,DA);
E_av ＋＝ eng;
ee＋＝eng/N;


//printf("eav＝%f\n", E_av);
```

```
fe+=(eng/N)*(eng/N);

buffer_E[tpt] = eng;
for(t = 0; t < Tmax; ++t) {
tt = (tpt-t+Tmax)%Tmax;
f_E[t] += eng * buffer_E[tt];
        }

assert(tpt < Tmax);
tpt = (tpt+1)%Tmax;
    }
    time1 =time(NULL);
time_elapse = difftime(time1, time0);
    ++loop;

if(loop % power2k) goto LOOP_BEGIN;

    power2k *=2;
fprintf(file_out, "\n\nAt loop= %d\n", loop);
fprintf(file_out, "L= %d   MCDIS= %d   MCSTEP= %d   DS= %f\
n",
                  L, MCDIS, MCSTEP,DS);
fprintf(file_out, "interv= %d Tmax= %d sizeof(real)= %d\n",
interv, Tmax, sizeof(real));

fprintf(file_out, "Elapse time/spin/MCSTEP = %g sec\n\n",
time_elapse/MCSTEP/N/loop );
mcl = (MCSTEP/interv) * (real) loop;
printf( "mcl= %f\n", mcl);

fprintf(file_out, "T= %f\n", T);

fprintf(file_out, "E/N= %f\n", E_av/N/mcl);
```

```
    fprintf(file_out，"C/N＝ ")；
    //dat1＝(f_E[0]/mcl－(E_av/mcl)＊(E_av/mcl))/(N＊T＊T)；

    Cv＝ N＊(fe/mcl － (ee/mcl)＊(ee/mcl) )/(T＊T)；
    fprintf(file_out，"%f\n"，Cv)；

    mav＝mobs/mcl；
    fprintf(file_out，"|M|＝%f\n"，mav)；
    mavv＝mob/mcl；

    fprintf(file_out，"sus＝")；
    sus＝(ms/mcl－(mobs/mcl)＊(mobs/mcl))/(N＊T)；           /＊ sus＝
(<M^2>－<M>^2)/(N＊T)，susceptibility ＊/
        u4＝1.0－(m2m2/mcl)/(3＊(ms/mcl)＊(ms/mcl))；cumulant ＊/
    fprintf(file_out，"%f\n"，u4)；

    helicity＝－E_av/mcl/N/2－DA＊DA＊sumsus1/mcl/N/T；modulus＝
－<H>/2－DA＊<sin(s_i－s_j)e_ij＊x>/T＊/
        helicity1＝－E_av/mcl/N/2－DA＊sumsus1/mcl/N/T；
        helicity2＝－E_av/mcl/N/2－DA＊sumsus2/mcl/N/T；
    mt＝2＊T/M_PI；

    susx＝(mx2/mcl－(mxx/mcl)＊(mxx/mcl))/(N＊T)；
    susy＝(my2/mcl－(myy/mcl)＊(myy/mcl))/(N＊T)；
    susall＝(susx＋susy)/2；
    if (loop＝＝32) save(T,loop,E_av/N/mcl,Cv,sus,mav,mavv,susx,su-
sy,susall)；
    if (loop＝＝32) save0(T,u4)；
    if(loop＝＝32) save3(T,helicity,helicity1,helicity2,mt,T_vor/mcl/N,
sumsus1/mcl/N,sumsus2/mcl/N)；

    for(t ＝ 0；t < Tmax；＋＋t) {
    dat_E ＝ (f_E[t]＊mcl＊mcl/(mcl-t) － E_av＊E_av)//＊＊/
                (f_E[0]＊mcl － E_av＊E_av)；
```

```
if (loop==32) save1(T,t * interv, dat_E);
  }

if (loop==32) save2(T,time_elapse);
fprintf(file_out, "\n");
fflush(file_out);

if(loop < loop_MAX) goto LOOP_BEGIN;

//if(T<=2.8&&T>2.1) T=T-0.05;
//   else
   T=T+0.01;
}while (T>=0.0);
return 0;
}




/ *
Random number generator.
* /
# define MERSENNE_TWISTER
# undef NR_RANDOM_NUMBER
# undef LCG64

# include <assert. h>
# include <stdio. h>

# ifdef NR_RANDOM_NUMBER

# define IM1 2147483563
```

```
# define IM2 2147483399
# define AM (1.0/IM1)
# define IMM1 (IM1-1)
# define IA1 40014
# define IA2 40692
# define IQ1 53668
# define IQ2 52774
# define IR1 12211
# define IR2 3791
# define NTAB 32
# define NDIV (1+IMM1/NTAB)
# define EPS 1.2e-13
# define RNMX (1.0-EPS)


static int idum = 1;


double drand64(void)
{
int j;
int k;
static int idum2=123456789;
static int iy=0;
static int iv[NTAB];
double temp;

if( idum <= 0 )
    {
if( ((-1) * idum ) < 1 )
idum = 1;
else
idum  = (-1) * idum;
        idum2 =idum;
for( j = NTAB+7 ; j>=0 ; j-- )
        {
```

```
        k =idum/IQ1;
idum = IA1 * (idum-k * IQ1)- k * IR1;
if( idum < 0 )
idum += IM1;
if( j< NTAB )
iv[ j ] = idum;
        }
iy = iv[0];
    }


    k =idum/IQ1;
idum = IA1 * (idum-k * IQ1)- k * IR1;
if( idum < 0 )
idum += IM1;
    k = idum2/IQ2;
    idum2 = IA2 * (idum2-k * IQ2)- k * IR2;
if( idum2 < 0 )
        idum2 += IM2;
    j =iy/NDIV;
iy = iv[ j ]-idum2;
iv[ j ] = idum;
if( iy < 1 )
iy += IMM1;
if( (temp = AM * iy ) > RNMX )
return RNMX;
else
return temp;
}


void srand64(int seed, FILE * fp)
{
assert(sizeof(int) == 4);
idum = -seed;
if(idum > 0) idum = - idum;
```

```
drand64();
fprintf(fp, "NR ran2, initial seed x = %d\n", seed);
}


static unsigned long int x = 1;


double drand64(void)
{
    x = 6364136223846793005l * x + (longint) 1;
return (double) x * 5.4210108624275218e-20;
}
```

Note: This is an Ising model provided by Prof. Wang to do some exercises. This is also the first exercise I did when I first learned Monte Carlo algorithm. Attached at the end to help beginners.

```
/* Ising model in two dimensions, standard single - spin - flip
algorithm */
/* using Metropolis flip ratemin[1, exp(-Delta E/kT)]
*/
/* by Jian-Sheng Wang, November 1993          */


# include <stdio.h>
# include <stdlib.h>
# include <math.h>
# include <assert.h>
                                    /* macro definitions */
# define   L   16               /* lattice linear size */
# define   N   (L*L)             /* total number of spins */
# define   Z   4                 /* coordination number = 2*d */
# define   MCTOT 1000            /* total Monte Carlo steps */
# define    MCDIS  500            /* steps discarded in the
```

```
beginning */
                                /* global variables */
    int s[N];                   /* spin +1 or −1 */
    double  T = 2.269;          /* temperature */


        /* funcition prototypes */
    void neighbor(int i, int nn[ ]);
    void monte_carlo();
    void energy(double *);

/*    The main program    */

    void main()
    {
    int i, mc;
    double e = 0;

    for (i = 0; i < N; ++i)        /* initialize, all spin up */
    s[i] = 1;

    for(mc = 0; mc < MCTOT; ++ mc) {
    monte_carlo();
    if( mc >= MCDIS)
    energy(&e);
        }
    printf("<e> =   %f\n", e/(MCTOT−MCDIS)/N);
    }


/*
```

This functionmonte_carlo performs one Monte Carlo step by trying to flip spins L^2 times.   It picks a site at random and trys to flip it. The flip is actually performed if energy change is negative, or if the random number is less than exp(−delta E/kT). N is the total number of spin, a macro definition. Spin s[], temperature T are passed globally.

```
*/

void monte_carlo()
{
int i, j, k, e;                        /* i is the center site */
int nn[Z];                             /* the name neighbors */

for(k = 0; k < N; ++k) {
i = drand48() * (double) N;            /* pick site at random */
neighbor(i, nn);                       /* find neighbors of site i */
for(e = 0, j = 0; j < Z; ++j)          /* go over the neighbors */
        e += s[nn[j]];                 /* sum of the neighbor
spins */
e *= 2 * s[i];                         /* 2 times the center spin */
if (e <= 0)                            /* when energy change is less */
s[i] = - s[i];                         /* than zero, spin is flipped */
else if (drand48() < exp(-e/T))        /* othewise, it is flipped */
s[i] = - s[i];                         /* with probability less one */
    }
}


/*
Neighbor returns in the arraynn[ ] the neighbor sites of i.   The sites are
labelled sequentially, starting from 0.   It works for any hypercubic lattice.
Z (=2 * D) is the coordination number, passed as a macro defintion.   L is
linear size, also passed as a macro definition.
*/

void neighbor(int i, int nn[ ])
{
int j, r, p, q;

    r =i;
    p = 1 - L;
```

```
    q = 1;

for(j = 0; j < Z; j += 2) {
nn[j] = (r + 1) % L == 0 ? i + p : i + q;
nn[j+1]    = r % L == 0 ? i - p : i - q;
      r = r/L;
p *= L;
      q *= L;
    }
}
```

/* This function energy add the energy of the currentconfiguraion s[]
to the argument e.   s[] and size information Z and N are passed globally
*/

```
void energy(double * e)
{
int i, j, ie = 0;
int nn[Z];

for(i = 0; i < N; ++i) {
neighbor(i, nn);
for(j = 0; j < Z; j += 2)      /* look at positive direction only */
ie += s[i] * s[nn[j]];
    }
assert(ie <= 2 * N && ie >= -2 * N);
    * e +=ie;
}
```